我在精神病院当"助理"

王子燕 — 著

中国妇女出版社

图书在版编目（CIP）数据

我在精神病院当“助理” / 王子燕著. -- 北京 ：
中国妇女出版社，2023.9
ISBN 978-7-5127-2308-5

Ⅰ.①我… Ⅱ.①王… Ⅲ.①心理学－通俗读物
Ⅳ.①B84-49

中国国家版本馆CIP数据核字（2023）第168500号

责任编辑：朱丽丽
封面设计：静　颐
插图绘制：谭　婷
责任印制：李志国

出版发行：中国妇女出版社
地　　址：北京市东城区史家胡同甲24号　　邮政编码：100010
电　　话：（010）65133160（发行部）　　65133161（邮购）
网　　址：www.womenbooks.cn
邮　　箱：zgfncbs@womenbooks.cn
法律顾问：北京市道可特律师事务所
经　　销：各地新华书店
印　　刷：北京通州皇家印刷厂

开　　本：165mm×235mm　1/16
印　　张：13.25
字　　数：150千字
版　　次：2023年9月第1版　　2023年9月第1次印刷
定　　价：49.80元

如有印装错误，请与发行部联系

前　言

PREFACE

我写作这本书的意图既简单又复杂。说简单是因为我想写一点之前没有人写，但是大众又很需要的东西；说复杂的话，我就要避免自己长篇大论了。近几年关于心理学的作品如雨后春笋一般，层出不穷，也引起了很多人对心理学的关注。作为一名心理学研修者和从业者，我很开心大家开始关注心理健康、关注原生家庭、关注亲子教育。这显然是一种时代的进步，我们不只要活着，还要活得好，活得幸福快乐。

但在心理学行业快速发展的同时，也呈现出一些问题，就是我们的咨询师群体过度地强调心理咨询的作用，而忽视了一些症状比较重的来访者，他们可能已经是精神疾病的患者。这个时候心理咨询可能并不是让来访者获益最大的方式。

很多来访者甚至已经需要由精神科医生进行诊断治疗，以降低对自己和他人生命安全的威胁，但是个别不专业的心理咨询师可能并没有注意到这种问题的严重性，还是单纯采用心理咨询的方式，这样可能会增加来访者的风险或者让他错过治疗的最好时机。还有一些情况，咨询师已经强烈建议来访者去医疗机构就诊，但是来访者自己认为问题不大或对于去精神科进行专业的治疗存在一些顾虑，认为只有“疯子”才会去精神病科及专科医院，如果自己被确诊为精神疾病，别人就可能会用异样的眼光看待自己，等等，因此拒绝去医院就医。所以一名来访者，他的问题到底是什么？是否已经属于某种精神疾病？严重程度如何？是否需要药物及其他方式的综合干预……在现实中，这些问题很有可能是一个“谜”。

从医出身的我，受到这种“职业病”的困扰，还是坚信若要治疗和解决一个问题，首先要明确这个问题是什么、严重程度如何，才能对症下药，达到治愈和恢复的目的。可是在心理学领域，似乎缺失了某些部分。当然，面对广阔的心理学和精神病学领域，我也如同盲人摸象一般，这本书所能呈现的内容，也许只是我摸到的“大象腿”或者“大象尾巴”。好在我并没有把它们当成一头完整的大象来和大家分享，如果大家有好的建议，也期待可以和我分享。

另外，心理咨询师虽然不具备精神疾病诊断资质，但有很多关于精神疾病的著作，如 2013 年出版的美国精神疾病分类与诊断标准的最新版本——DSM-5（全称是《精神障碍诊断与统计手册（第五版）》），国际疾病诊断标准 ICD-10 等，都是精神疾病诊断经典，心理咨询师们也应进行研读学习，以便让精神疾病的诊断有迹可循。但是，包括我在内的很多心理咨询师对这类图书的了解并不深入。对于大众来说这类书更是艰涩难懂，光是浏览一下目录已经是一头雾水，更别说学习理解和应用了，但是这并不意味着我们不需要了解这类知识。

之所以出现上述状况，有心理咨询师的个人原因，当然也有社会和文化的因素。心理学在中国的发展时间并不算长，目前心理学学行业还没有像医学一样，形成一个规范的培养体系，所以我国的心理学行业既有如初升太阳一般生机勃勃的一面，也有乱象丛生的一面。

在某些国家，心理咨询师、心理治疗师、精神科医生三者都是同一个角色，也就是一个人同时要有心理评估、诊断、用药和心理咨询的能力和资质。这背后当然也经过了漫长的培养体系和政策的演变过程，有逐渐丰富和规范的培养系统在支撑。一名心理咨询师的成长通常也是十年磨一剑，历尽艰辛。

而在我国，这几个角色是分开的。在本书中，读者也会发现这几个词（心理咨询师、心理治疗师、精神科医生）都会出现，为避免误解，同时也作为一个科普内容，在这里和大家一次性讲清楚，当然也只是结合当下的形式，以后这样的情况可能会发生改变。

心理咨询师通常是在社会上从事心理咨询，比如机构或者个人的心理工作室，承接社会上的一些情况比较稳定、问题不太严重的来访者。如果发现来访者可能患有精神疾病，会建议其到相关的医疗机构就诊。心理咨询师只能应用心理评估、心理咨询等方式，没有诊断权和处方权，也就是不能下诊断和用药物治疗。

心理治疗师的执业地点往往是医院，也有一些会在机构里从事心理咨询，大部分都具有医学背景，或者是学心理学专业的人。面对的来访者情况可能更严重一些，可以为伴有精神症状的来访者提供咨询，与精神科医生相互配合。虽然心理治疗师也没有诊断和药物处方权，但除了心理评估、心理咨询外，还可以结合医院的情况，应用一些物理治疗方法（如经颅磁刺激治疗、生物反馈治疗等），对来访者进行综合的干预。

而精神科医生的执业地点就必须是医院了，在专门的精神卫生中心和综合医院的精神科从业。根据现有规定，精神科医生同时有诊断、用药和心理咨询的权限，但是仅有很少部分精神科医生在学习精神医学相关知识的同时，用心地钻研心理咨询相关的知识和技能，大部分都仅仅通过医学诊断和用药来治疗患者。所以有权限也不完全代表有能力，无论是诊断用药还是心理咨询，都是一门很深的学问，需要不断地学习领悟和积累经验才能做好。

综合上面一部分有点繁杂的内容，给大家做一个总结。首先，任何证件和资质都只是一个招牌，评估一名心理咨询师要从个人体验的时长、知识积累、系统培训、督导情况等多方面进行衡量，不能单独依靠任何证件来评估。（对于这一部分存在问题和需求的读者，如果上述介绍不能解答你的疑问，可以联系我，我会给大家做具体的解答。）其次，诊断和用药治疗方案要寻找精神科医生的帮助，心理咨询可以结合自身的情况寻求心理咨询师或心理治疗师的帮助。

中国精神卫生调查显示，我国精神障碍的终身患病率已经达到16.6%，从精神疾病近1/6的患病率和大家对于精神疾病的偏见来看，大众对了解精神疾病的需求程度已经达到了史无前例的高度，所以这让我更有兴趣去做一些新的尝试，把精神疾病和心理学相关的知识用自评测试和故事相结合的方式展现出来。请原谅目前的我可能还并不擅长讲一个精彩的故事，只是单纯地希望不要让这本书成为一本枯燥乏味的工具书。

可能是自身经历的原因，我从一名医生走向了心理治疗师的道路，心理学也成了我一生热爱和追寻的事业。心理学领域里，大家耳熟能详的精神分析流派经常从一些匪夷所思的角度去解析人的行为、梦境和潜意识。有人会质疑："我怎么知道你说的是对的，而不是在胡说八道呢？"精神分析流派从成立以来，一直在众多的质疑和批判中走到了现在，更有人戏言：有些精神分析的理论，搞精神分析的人自己都不信。但是，当我一次又一次地被那些精分的理论和我的心理咨询师（每名心理咨询师都需要有自己的心理咨询师，自己作为来访者，先去修通自己的课题，自我成长，通常叫作心理咨询师的个人体验，特别是对于精神分析流派，这是心理咨询师成长非常重要的一部分。如果你正在选择心理咨询师，那么个人体验的时长也可以作为一项参照标准）在心理咨询中被所做出的分析击中的时候，当我的行为和现实生活发生切实改变的时候，我便知道了，这些分析对于我的生命而言就是像真理一样的存在。

在 2021 年我开通了自己的视频号“王一心理”，致力于大众的心理科普。在从事心理科普工作时，我感受到了从未有过的快乐和成就感。由衷地希望大家在拥有身心健康的同时，也能够找到自己热爱的事业，收获一段自由愉悦的人生体验。

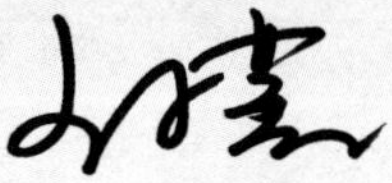

目 录

CONTENTS

1
好想原地消失啊——
2
你看看别人家的孩子!
3
放轻松,这一切没有想象的那么糟糕~
心理咨询处
4
放轻松,再勇敢一点!

为什么社交和人群总是让我如此恐惧？

社交焦虑

引言：不同于性格内向和不喜爱社交，社交焦虑的人往往在社交场合中承受着巨大的痛苦，并且会因为这种痛苦而自我攻击，严重者甚至可能患上社交焦虑障碍，影响正常生活。

✦

松鼠先生已经被这个问题困扰了很久。他是一名出色的工程师，虽然已经到了而立之年，事业发展得也不错，但每次身处社交场合时他还是非常害怕，会手心出汗、脸红心跳。“如果我能消失该多好，别人就无法发现我的窘迫了。”松鼠先生的脑子里无数次闪过这样的念头，可是没有一次实现过，他只好硬撑下去，努力假装自己是一个“正常人”。

每一个人的性格和问题都有其独特的成因，是什么造就了今天的松鼠先生呢？他的世界里充满了苛责、不满和嘲笑，就好像小时候松鼠妈妈指着他说："看看你没出息的样子，以后能做什么？剥个松子都比别人慢半拍，你看看隔壁的小猴，手脚麻利不说，性格也比你好，还比你会说话，天天和人家一起玩，差距怎么这么大，你好好跟人家学学！"

每次听妈妈这么说，幼小的松鼠先生心里都非常难受，害怕妈妈会不要他，满心的委屈。他觉得自己明明已经很努力了，还是得不到妈妈的认可，这些恐惧、委屈、愤怒、不甘，连同一些无法言说的情绪，都只能压抑在心里，默默地承受。

如果用一句话概括，可能这就是不被爱的感觉吧。不知道从什么时候起，松鼠先生就开始变得胆小内向、不善表达，逐渐开始恐惧社交、回避社交，每次想到自己身上的这些问题，他都会更加自责："为什么我会这样？为什么大家都不害怕社交，只有我怕呢？""我真是幼稚得像个孩子，太没出息了，简直就是一无是处……"很显然，这种思考方式不但没有帮他扭转局面，反而让情况更糟糕。那么松鼠先生该如何破局，实现自我救赎呢？

✦

不知道从什么时候起，"社恐"这个词开始"流行"起来，网络上有很多想要摆脱社恐的呼声，当然，这些"社恐患者"有些是真的，有些是假的。有些人仅仅是社交技能不足或者有些内向，并不是真的社恐。至于真假如何区分，大家可以在后面的测试中找到答案。

如今物质条件越来越充裕，交流成本不断降低，可是我们彼此之间真实的交流却越来越少，网购、外卖和互联网成了“宅文化”最佳的土壤，我们变得越来越不喜欢社交，甚至恐惧社交、拒绝社交，然后就更不喜欢社交了……这种死循环给我们编织了一个封闭的茧房，当你从“自得其乐”中回过神来，就会慢慢品出作茧自缚的味道。不过穷则思变，痛苦开始的时候，反思也就开始了，改变也将慢慢发生，这也是为什么现在越来越多的人在探讨社恐，想要走出社恐的原因。

我们终究无法摆脱作为一个社会性动物最根本的需求，那就是对于关系的渴望，我们在心底还是希望和他人建立一种亲密的链接。其实，这种渴望和我们饥饿时对食物的渴望没有什么分别，如果你不会因为饿了想吃食物而感到羞耻，那就以同样的心态来正视这种对关系的渴望，然后学会如何满足它，进而去享受它。

不得不承认，社交和建立关系确实是一件充满失控感和未知的事情，但这也正是它的魅力所在。有社交焦虑问题的人需要打破想要活在一座孤岛上的幻想，克服恐惧，学会拥抱不确定性，才能真正体会到关系带给一个人的乐趣。

要想帮助松鼠先生解决社交焦虑的问题，我们先要了解到底什么是社交焦虑，社交焦虑要符合哪些标准，然后再探究该如何治疗或改善。

自评测试

社交焦虑并不会给身体带来严重的实质性伤害，但是这种痛苦会造成严重的精神内耗，有什么能比每天都活在痛苦中更让人痛苦的事情呢？所以尽早地发现自己的问题，并且重视它，去寻求专业治疗，对于有社交焦虑症状的人来说，无疑等同于在挽救自己的生命。

带着你的好奇和探索之心，一起来测试一下吧！

1. 在社交场合会产生强烈的恐惧或焦虑。

这里的社交场合一般指会见陌生的人，和别人一起聊天、吃饭，让你在别人面前表达观点或演讲，又或有人看着你喝水或者吃饭等。

松鼠先生几乎不去参加朋友们的聚会，这样的聚会在他眼里简直太恐怖了，那么多人坐在一起面面相觑或聊天，想想就会让他觉得尴尬至极，心脏跳得像个失控的小马达，手心的汗一层又一层。如果你让他在大家面前唱首歌或者说点什么，也会让他同样恐惧。他好多次在排队领松子的时候都因为太过紧张而仓皇逃走……

2. 害怕自己的言行或者表现出的焦虑症状（如出汗、脸红、颤抖等）会招致别人的羞辱和拒绝。

松鼠先生很少会主动和别人交流或寻求他人的帮助，他觉得别人一定会讨厌自己或拒绝自己。在社交场合中的松鼠先生感觉别人很容易就注意到他涨红的脸颊和颤抖的双手，那时他感觉自己是世界上最愚蠢的人，正在被身边的人嘲笑。

3. 以上所说的社交场合都会引发你强烈的恐惧感，并且会因为这种不好的体验而回避社交，遇到实在难以回避的情况，也需要忍受强烈的害怕和焦虑。

松鼠先生很少主动参加社交活动，能拒绝的都会拒绝，为此他错失了很多认识新朋友的机会和更多的成长空间，可是这一切他都顾不上考虑。为了逃避社交活动，他只能牺牲掉这些机会，因为那种体验实在让他痛苦至极。

4. 这种焦虑、害怕，或对于社交的回避持续了 6 个月以上。

5. 以上这些问题所带来的痛苦给你的社交、工作和其他社会功能造成非常大的损害。

6. 排除其他精神疾病（孤独症、惊恐障碍、毒品或酒精依赖等）。

温馨提示

如果你符合上述情况，那么你可能存在社交焦虑，当然自我评估会存在偏差，所以最终还是要由精神科医生进行诊断。即使确诊也不需要过度担心，经过合理的诊疗是完全可能控制病情、缓解症状甚至痊愈的。

如果你仅仅符合其中的一部分，那么可以结合下面的建议进行一些积极的自我调整。

给松鼠先生的建议

1. 寻求专业帮助

即使上面的描述你都符合，也不代表你可以给自己“确诊”。这些评估只是帮助我们识别自己可能存在的问题，因为对于每条诊断的标准，我们自己的理解可能会和专业精神科医生的判断存在偏差。有的人会觉得哪一条都符合自己，有的人明明存在问题，但是却觉得这只是自己缺乏某些神奇的社交技巧所致，或者觉得自己仅仅是胆小或不成熟，这会造成我们对于自身问题的放大或缩小，从而影响判断。所以心理异常或疾病的最终确诊，一定要到正规医院的精神科由专业医生诊断确诊。

2. 正确认识心理咨询

如果已经在医院确诊，确实存在社交焦虑障碍，通常情况是接受心理咨询或治疗（常采用认知行为疗法[①]）。严重的可能会辅助一些抗焦虑的药物，帮助我们快速地缓解症状。

3. 规律的运动

要做规律的体育锻炼（散步、慢跑、骑单车、瑜伽等）。社交焦虑本身属于一种焦虑情绪，很多研究都已证实，规律的运动可以有效地缓解焦虑和压力，所以不只是有社交焦虑的人，每个人都应该规律地运动。焦虑俨然已经成了很多当代人的“通病”，当焦虑的情绪缓解了，其症状也会得到缓解。

4. 学会放松

很多人都会认为打游戏、刷短视频就是放松自己了，但是很可能你的大脑和身体仍然处于一种紧张的状态，并没有实现真正的放松。下面推荐几种可以真正放松的方法。

正念练习：这是目前被广泛推广的一种放松的方法，源于佛教

---

① 认知行为疗法是指通过认知和行为的一些理论及技术方法来改变个体歪曲的认知和非适应性的行为。

文化中的打坐。具体方法为先选择一个注意的对象，可以是一个声音或自己的呼吸，然后舒服地坐着，闭上眼睛，进行一个简单的腹部呼吸放松练习（不超过 1 分钟）；然后调整呼吸，将注意力集中于所选择的注意对象上。练习 10 分钟后，静静地休息 1 ～ 2 分钟，然后再从事其他正常的工作活动。

听音乐：可以选择一些让自己感觉舒适放松的轻音乐。

有氧运动：有规律地慢跑、做瑜伽等。

其他可以让你感觉愉悦和放松的事，如绘画、阅读、亲近大自然或者小动物。

这些放松方法的核心理念就是让我们的注意力回到当下，安住在当下，而不是湮没在对过去无限的后悔和复盘中，或是对未来种种不确定性的焦虑之中。

5. 减少咖啡因摄入

尽量减少摄入咖啡、可乐、茶等饮品。这些饮料虽然好喝又提神，但是都含有咖啡因，而咖啡因会加重焦虑症状。

6. 抱团取暖

可以加入一些社交焦虑的团体或者一些小的组织，大家可以抱团取暖，互相交流彼此的感受。倾诉本身也有疗愈的作用，同时你也会发现，原来自己并不是那么孤独，或者像你想象的那么“独特”，并非所有人都是“社交大神”，只有自己是一个充满恐惧的小丑。你会发现世界上有那么多的人和你有相似的情况，而他们也都有自己的可爱之处，你也同样如此。

7. 接纳情绪

要学会与焦虑和恐惧的情绪和解。有社交焦虑的人会对自己产生的负面情绪深恶痛绝，感觉自己的痛苦完全来自这些情绪。我们要知道，曾经我们的祖先就是靠着这些情绪活下来的，如果面对野兽和厮杀不知道恐惧，面对生死存亡不知道焦虑，可能人类早已从地球上消失了。

正是因为恐惧和焦虑的本能，生命才得以存续，只是在当今社会，我们不再有那么多生死存亡的时刻，所以恐惧和焦虑才显得如此多余。但是我们可以想象一下，如果面对一次重要会议或面试，我们丝毫都不会焦虑，完全“佛系”，哪里会有动力去准备呢？即使你丝毫不会焦虑，可以毫无准备地去面对挑战，结果我想很可能会是一塌糊涂，所以相比你的恐惧和焦虑，把我们要做的事情做好更为重要。在自我成长的路上，恐惧和焦虑也是一种动力和保护，要学会接纳这些情绪，成为情绪的朋友。

8. 理解并接纳自己

社交焦虑的发生原因有一部分受到先天气质的影响，同时也受到遗传的影响，还有一些人是因为小时候受到过忽视或虐待。所有这些原因都不是我们可控的，更不代表着我们不够优秀、不够成熟。恰恰相反，社交焦虑的人往往比较谦虚、敏感和善良。这些特质同时也是很好的品质。不要因为社交焦虑而陷入自我否定和“我不好”的低价值感中。

9. 走出自己的舒适圈

在你可以接受的范围内，尽量尝试去社交。可以先和一些自己要好的朋友多见面和交流，逐渐扩大你的交际范围。我们在社交时获得的一些美好体验会逐渐打破内心恐惧的壁垒。不要因为害怕而故步自封。澳大利亚演讲家尼克·胡哲说，真正的勇敢不是不害怕，而是在害怕的时候你依然坚持去做。

10. 投入生活中

在生活中寻找到自己感兴趣的事情，并且投身其中。投入地去工作，去做自己认为有意义的事情，不要把恐惧当成我们不去面对生活的理由。你可以设想一下假如自己没有社交焦虑的问题，你会如何生活。那么从现在开始就这样去生活，去感受善意和爱，去体会力量和希望。当你发现生活越来越可爱的时候，也正是恐惧离你越来越遥远的时候。

松鼠先生经过三个月规律的治疗，在精神科医生和心理治疗师的共同努力下，他的社交焦虑已经明显好转。特别是心理治疗师萤火虫小姐，对松鼠先生的恢复帮助很大。可是由于职业的限制，她无法和松鼠先生成为朋友，也谢绝了松鼠先生的邀约。松鼠先生虽然有些不理解，但还是选择尊重对方的职业习惯。

之后的生活里，松鼠先生经常和几个老朋友出去聚餐，甚至可以在新朋友面前大方地介绍自己。虽然有时候他还是会感觉有点紧张，但他已经没那么在意了。因为他看到了自己恐惧的背后是对爱和关系的渴望。他在接纳自己的同时也看到了生命更多的可能性。当心里的疆界被打破的时候，就看到了外面更广阔的世界，这种体验让松鼠先生如获新生。

今天，松鼠先生突然接到小猴的电话，电话那头的声音急促且无助："松松，明天我去找你，有重要的事想和你说。记住，不要告诉任何人，我现在急需你的帮助，一定要替我保密。""好的，明天我去车站接你！"松鼠先生坚定地说。

挂断电话，松鼠先生眉头紧锁，他不知道一向乐观的儿时伙伴遇到了什么事。小猴一直是一个看起来很开心的人，又非常擅长社交，是松鼠妈妈嘴里"别人家的孩子"，这一点总是让松鼠先生羡慕不已。到底发生了什么让小猴如此困扰呢？松鼠先生不禁又有点焦虑了，可是焦虑又有什么用呢？他相信无论小猴遇到了什么困难都可以面对。他可以通过改变让自己成长，小猴也一定可以。想到这里，他又平静下来，明天的事情就交给明天吧！

1
好久不见
十分想念——
2
近来可好——
3
少年，
是什么困住了你——
4
年少的噩梦，
如何打破——

身体健康的人也会有濒死体验吗？

惊恐障碍

引言：惊恐障碍最主要的症状是惊恐发作，通常毫无预兆，反复出现，会给患者带来巨大的痛苦。

第二天，松鼠先生早早就来到车站，在出站口等待。同车次的人都走得差不多了，也没见小猴出来。松鼠先生着急地看着手表，刚想给小猴打电话，就看见他从最后面走了出来，一脸的懊恼无助："这车人太多了，挤死我了，再也不想坐这趟车了。""哈哈，是因为你太瘦了，挤不过人家吧？"松鼠先生故作轻松地开着玩笑，拍了拍老友的肩膀。他知道任何看起来弱不禁风的肩膀都可能扛过很多的重担。"找个地方，我慢慢跟你说。""好，我知道前面有家不错的咖啡馆。"一路上，他们没有寒暄，只有没完没了的叙旧。

优雅暗黄的灯光里，弥漫着咖啡的香气。小猴端起咖啡象征性地抿了一口，很明显他的心思并不在品味这杯咖啡上。

“电话里你说有很重要的事情跟我说？”松鼠先生试探地问了问，他感觉这是一件让小猴难以启齿的事情。

“嗯……可一时之间又不知道怎么说起，一言难尽啊！”

“除了生死无大事，有什么不好说的？”

听了松鼠先生的话，小猴像是受到了某种鼓励，缓缓地抬起头看着松鼠先生说道：“也许这就是关乎我生死的事情呢？”

“这么严重？什么事，说来看看，没事，有兄弟在呢！”

“唉，有些事可能你也帮不到我。这几个月，我也不知道怎么了，不知道是不是得了什么严重的病。”说着，一向乐观坚强的小猴眼角泛起泪光。在真正可能威胁健康和生命的事出现的时候，再坚强的人也会表现得脆弱，也许这就是生命弱小无助的一面。

“有什么表现啊？让你说得这么吓人。”松鼠先生好奇又担心地问。

“最近这几个月，已经出现过好几次了，我毫无征兆地就突然感觉胸痛、上不来气，呼吸很困难，好像我马上就要死了一样，对，就是那种濒临死亡的感觉！”说到这里，小猴的眼里闪过强烈的恐惧和无助。

“听起来是挺严重的，那有没有去看医生？检查出是什么问题了吗？”

“检查了，有一次发作后去医院做了心脏方面的检查，医生说心电图没有什么问题，做了其他的检查也说没有什么问题。我大概是得了什么不治之症吧。”小猴无奈地低下头，声音也越来越小。

“别着急，医生都说你的检查结果没什么问题了，即使有问题应该也不严重，你不要吓唬自己。我最近正好认识了一位很好的心理治疗师，我带你去看看，听听她是怎么说的，也许能有帮助。”

“心理治疗师？我这怎么可能是心理问题？你怎么会认识心理治疗师？”

“说来话长，回头再慢慢给你讲，先去挂号吧，不然今天就看不上了。”

“好吧，兄弟的命就交给你了！”

“还知道开玩笑，我看你的问题轻着呢！”

“哈哈，那我也不是一直‘犯病’呀……”

说说笑笑间，他们就到了医院，恰好萤火虫医生还有号，他们幸运地挂到了，没等多久就排到了小猴。小猴和导医说明了情况，首次来诊，家属又不在身边，所以让好友松鼠先生进来陪诊。

见到松鼠先生，萤火虫医生有一点意外，但是职业素养让她一瞬间就恢复了平静，她开始询问小猴的病情。

近三个月小猴经常出现一些奇怪的症状，会突然间感觉心跳加快，胸部疼痛，呼吸困难，大汗淋漓，还有一种要窒息的感觉。这种突然间出现的濒死感让小猴非常恐惧并且痛不欲生。他怀疑自己得了非常严重的心脏病，并且随时都可能死去，但是一到医院检查，偏偏又什么问题都查不出来。这种莫名的威胁让小猴在恐惧之余又多了几分无力和无助感。他认为每次发病自己的身体一定也受到了很大的伤害。

了解完小猴的病情，萤火虫医生又询问了一些关于他家里的事。这时松鼠先生听到了一些他一直都不知道的事情，原来还有这么多痛苦的经历埋在看似乐观坚强的小猴心里。小猴的母亲在小猴很小的时候就离开了家，到很远的地方生活了，并且组建了新的家庭。这件事松鼠先生是知道的，但他不知道小猴的母亲为什么离开，这一点从未听小猴提起过。小猴的父亲其实是个“家暴男”，经常打骂小猴的母亲，当然也不会放过幼小的小猴，尤其在母亲走后，小猴更是独自扛下了这一切。怪不得松鼠先生经常看见小猴身上会有一些伤痕，然后总是一个人忧伤地看向窗外。但有人的时候，小猴就会立马变成开心的样子。如今想想，他越表现得开心和无所谓，越是在掩饰内心那些无法承受的悲伤吧。

结合小猴的症状、检查结果和其他的信息，萤火虫医生给出了判断：“你不是心脏病，也不是身体的其他器官得了什么重病，而是一种心理疾病，叫作惊恐障碍。”

“啊？？”小猴和松鼠先生异口同声地惊叹道。

“我得的不是心脏病，是一种心理疾病？”小猴瞪大了他圆圆的眼睛再次问道。

“是的，你先不要过度担心，只要积极地配合治疗，治愈的机会是很大的。”

听了萤火虫医生的话，小猴的心里仿佛有一块石头落了地，但也似乎有一些疑虑：什么是惊恐障碍？如何确定就是这种疾病，又该如何治疗呢？

自评测试

相信很多人都和小猴一样存在上面的疑问，那就让我们一起来认识一下这个吓人的“纸老虎”——惊恐障碍。

如果同时满足下面 1 和 2 两项，就可能存在惊恐障碍方面的问题。带着你的好奇心和探索之心一起来测试一下吧！

1. 毫无预兆地出现 1 次以上的惊恐发作，发作时至少出现以下症状中的 4 种。

√心跳加快

√出汗

√感到身体颤抖或摇晃

√呼吸急促或者有要窒息的感觉

√咽部有哽噎感

√身体发冷或发热

√胸痛或胸部感到不舒服

√感到恶心或腹痛

√头昏眼花、走路不稳

√身体有麻木感或者针刺感

√感觉不真实或与自己脱离

√害怕自己失控或者会“发疯”

√体会到濒死感

2. 在惊恐发作之后，至少遗留以下 1 个症状持续 1 个月以上。

(1) 担心惊恐发作会再次出现，担心发作时会出现一些不好的事情。

小猴经常担心自己会失去控制，担心某一天自己突然当众“发疯”，引来无数人对他的议论和嘲讽。这种担心经常让正常状态的小猴也惴惴不安。

(2) 非常努力地避免再一次发作，因此影响到了现实生活。

小猴自从有这个问题后便不太敢去陌生的环境，也许是担心自己在陌生的环境中会发作，他也不敢再做剧烈的体育运动。

诊断惊恐障碍要排除其他躯体疾病及酒精或者毒品所致的精神症状，或者是其他的精神障碍。这句话大家可能会在之后的篇幅中经常看到，因为我们在判断任何一种疾病的时候，都要做排除诊断，这样才不致误诊。在做自我探索的时候，如果情况复杂，无法准确判断，还是要寻求专业医生的帮助。

温馨提示

如果你符合上述情况，那么你可能患有惊恐障碍，但是自我评估也会存在偏差，所以最终诊断还是要由精神科医生进行诊断。如果你仅仅符合其中的一部分，还不足以诊断，那么可以结合下面的建议进行一些积极的自我调整。

给小猴的建议

1. 调整认知，识破惊恐障碍这个“纸老虎”

相信通过前面的介绍，我们对惊恐障碍有了一定的了解，不难发现，其实这种惊恐和恐惧有一个共同的特点，那就是像一只“纸老虎”，往往雷声大、雨点小，症状发作起来好像很严重，像是某种严重得随时会让人猝死的心脏病，感受到的濒死感也会妥妥地吓坏很多人。但是了解之后我们会发现，它并不是某种躯体疾病或者器官损害造成的，而是一种惊恐造成的“假象”，而且惊恐发作本身也不会对我们的身体造成伤害。实际上，想要改善和治疗这种疾病，我们首先要放下心里的担忧，虽然你感受到的痛苦很强烈并且非常真实，但这其实并不是一件多么严重的事情。

2. 寻求专业医生的帮助

惊恐障碍的患者可能初次就医都不是在心理科或者精神科，而是在心内科或者急诊科，很容易被误诊或误治，或者即使知道是心理问题也不会给予足够的重视，甚至不会积极地去治疗，所以，寻求专业医生的帮助既指去找医生，又指找对医生和科室。

看完小猴的故事，如果遇到类似的问题，我们可以多一个思考和求治的方向，离治愈也就更近了一步。

3. 找一个适合你的咨询师

在精神科治疗的同时，心理咨询也是非常重要的。研究表明，配合心理咨询不但能使惊恐障碍的症状恢复得更快，同时也可以极大地减少复发的可能性，让我们可以更好地应对生活中的困境。

4. 学会接纳自己

任何症状或者疾病的出现其实都有它的意义，而不是完全像我们想的那样，都是不好的一面。惊恐发作从另一个角度说，是因为我们内心有一些无法面对和接受的东西存在。我们用惊恐发作来阻止自己去面对它们，所以症状的出现是在帮助我们回避面对那些内心深处的痛苦。但代价之大并不是我们可以预期的，甚至远远偏离了初衷。与其如此，不如更多地去深入了解自己，逐渐学会接纳自己，真正做到这些的时候也就不需要我们用惊恐症状去防御了。

5. 增加同伴之间的交流

可以认识一些和自己有相同问题的人，多和他们交流，这会降低你对疾病的焦虑，也能让你感觉到，并不是只有你一个人在面对讳莫如深的痛苦，而是有一群人和你站在一起，共同经历和成长。

✦

由于小猴近期的病情比较严重，而且合并了其他症状，萤火虫医生把他转介到精神科医生那里去了。精神科医生建议小猴先住院治疗。这听起来并不是一件小事，起先小猴感到有些害怕，毕竟从来没有进过精神病院。在他的印象里，只有疯子才会住进精神病院，而自己好像马上也要成为“疯子”了一样。在医生的劝导下，小猴知道了，精神病院会把严重的患者和较轻的患者分开。让患者住进来一方面是为了保护他们的安全，控制疾病的急性发作；另一方面是方便医生调整药量，当病情稳定了，药量调整好了自然就可以回家了。

了解了这些，小猴和松鼠先生都放下心来。虽然松鼠先生很想在医院陪伴小猴，但是由于精神病院是封闭管理，无法陪护，所以松鼠先生只能改天再来看望小猴了。他帮小猴办理好入院手续，协助清点完小猴的随身物品，松鼠先生便依依惜别了这个儿时的玩伴。让两个人都想不到的是，小猴住院的经历却改写了松鼠先生一生的命运。

在回去的路上，松鼠先生回想起自己和小猴有关的点点滴滴。不由感叹，两个人虽相识多年，但今天发生的事让他感到是第一次了解到真实的小猴。那个表面活泼、快乐的小猴，内心却藏着他自己也不敢面对的另一个自己。松鼠先生有点心疼这个朋友，是什么样的痛苦和不堪会把他逼到死亡的边缘呢？松鼠先生不知道，但是他希望小猴有一天有勇气真正面对这些痛苦，他也会永远支持这个朋友。

病房窗外的铁丝网和小说里写的一样密，大概是害怕有些人会不小心坠楼或者偷跑吧。一不小心就住进精神病院的经历让小猴在有些担心、有点恐慌之余也有一些好奇，这里都住着什么样的人？

他们和正常的人有什么不一样？正在猜想着，他同屋的病友狐狸先生回来了。

看见小猴之后，狐狸先生防备中又带着一点表面的礼貌和他打了一声招呼。话音未落就听到狐狸先生惊呼了一声，原来是小猴把洗漱用具放到了狐狸先生的床上。小猴一边道歉一边拿走了自己的东西，然而狐狸先生嘴里还是一边念叨着“完了，完了，太糟糕了”，一边赶紧整理自己的床单，把每一个褶皱都铺平整。被抚平的并不只是床单，还有狐狸先生紧锁的眉头。看到一切都恢复原样的时候，狐狸先生这才长长地舒了一口气。小猴一边惊诧地看着狐狸先生，一边意识到，这次住院的经历将是一次奇特又充满意外的旅程。

1
严谨的新朋友——
2
过往……
3
真的是我不好？
4
怎么做才是对的——

是谁弄皱了我的床单？

强迫症

引言：强迫症是一种以强迫观念、强迫冲动或强迫行为为主要表现的一种神经症。

随着床单被狐狸先生一点一点抚平，他的神情也逐渐变得轻松起来，脸上又恢复了之前的平静。“抱歉，我一看到有东西皱了就忍不住，不然我也不会住在这里了，你懂的。”说这些话时，小猴完全无法想象眼前的狐狸先生和刚才那个“发疯”的是同一个人。

狐狸先生梳着一丝不苟的中分发型，头发中间的缝隙都是笔直的，衣服的扣子也系得一个不差，白蓝条的病号服硬是让他穿出了西装的感觉，这不禁让平时随意的小猴肃然起敬。

“没关系，一看你就是个爱干净的人，房间里的卫生估计我是不用愁了。”小猴憨笑两声。

狐狸先生好像很少感受到这样的包容和善意，眼神里充满了感激。两人就像多年未见的好友一样，攀谈了起来。有时候建立一段关系是那么困难，有时候又是那么容易，一丝温暖和善意就可以拉近两颗心之间的距离。

狐狸先生是一位理发师，经营着一家理发店，因为他老实本分又认真，理发店的生意一直不错，这在一定程度上也归功于他的强迫症。别人给顾客洗头发很快就洗完了，狐狸先生却会里里外外洗上三四遍，头部按摩的时候也是一丝不苟，修剪头发时也是尽量做到完美，直到顾客和自己都满意为止。

可是这样一位优秀的理发师却不是父母眼里满意的儿子。狐狸先生有一个哥哥，从小哥哥就是家里更受宠的那个孩子。哥哥聪明、开朗、外向，学习成绩又好，深得父母的喜爱；而狐狸先生从小就是一个有点沉闷和内向的孩子，学习成绩也一般，他总是一个人默默地做自己的事，所以父母和他说得最多的话就是“怎么不能学学你哥，为什么不能像你哥一样”，对他经常批评指责、贬低打压，很少有肯定和鼓励。这让原本就内向的狐狸先生更不愿意与人交流，变得自卑又怯懦。

不记得从什么时候开始，狐狸先生出现了强迫的问题。他会反复清洗自己的双手，外出时会反复检查门有没有锁，看到床单或者沙发有了褶皱就会变得很抓狂，脑袋里会出现很多奇怪的想法，并且不停地反复。即使狐狸先生知道这些行为毫无意义，也无法控制自己停下来。他越觉得自己这样是不对的、病态的，这些症状越像非牛顿流体一样，变得更加严重。这给他的生活带来了很多的痛苦。妻子也觉得狐狸先生没什么出息还有强迫症，在家里也是处处冷落他，连话也懒得和他说，两个人很少交流。妻子还有几次和狐狸先生提出离婚的想法。

家原本应该是爱的港湾，可是对狐狸先生来说，却像一个冰窖一样，是一个让他千疮百孔的地方。从小就是这样，到现在组建了自己的家庭，仍然如此。不幸的遭遇像某种轮回般重复，一刻也未曾放过他。也许真的像心理学家阿德勒说的那样，不幸的童年需要用一生去治愈吧。说到这里，狐狸先生陷入了回忆的沉思中，泪水悄然挂在眼角，也许真正的悲伤都是无声无息的。

听了狐狸先生的倾诉，小猴发现原来不只自己承受着不幸，每个人都有属于自己的或悲或喜的故事。他不禁对狐狸先生的理解和同情又多了几分。

“没事，也许来了这里，你的生活会有不一样的转机呢！我们和我们的生活好像都生了病，可医院也正是治病的地方啊。”乐观和鼓励他人早已成了小猴的习惯。狐狸先生的脸上露出一些笑容来，好像阴霾许久的天空突然透出的一丝阳光。

自评测试

说到这里，很多人可能不禁要对号入座了：我也爱洗手，爱整理东西，或者有些洁癖，那么我是不是强迫症呢？需不需要治疗呢？有这样疑问的人一起来测试一下吧！

同时满足以下 1 ～ 3 点，那么你可能存在强迫症，但是自我评估也会存在偏差，所以最终还是要由精神科医生进行诊断。

1. 具有强迫思维、强迫行为，或者两者皆有。

强迫思维被定义为以下两点。

√感受到反复被不必要的想法和冲动侵入，因此产生明显的焦虑或痛苦。

√个体试图忽略或压抑此类想法和冲动，或用其他一些想法或行为来中和它们。

狐狸先生的脑海里经常出现一些稀奇古怪的想法，比如，如果不反复地去做某件事，他的父母可能就要受到某种迫害。他明知道这种想法不是真实的，但是仍然控制不住自己会这样想。

强迫行为被定义为以下两点：

√重复行为（例如，洗手、排序、核对）或精神活动（例如，计数、反复默诵字词等）。个体感到重复行为或精神活动是被迫执行的。

√重复行为或精神活动的目的是防止或减少焦虑或痛苦，或防止某些可怕的事件。而这些重复行为或精神活动却是脱离现实的，或者明显是过度的。

2. 强迫思维或强迫行为是耗时的（如每天消耗 1 小时以上）或这些症状会引起非常明显的痛苦，或导致社交、工作或其他重要功能的损害。

3. 强迫症状不是由于某种物质（如毒品、药物）、其他精神问题或躯体疾病导致。

温馨提示

如果你符合上述情况，那么你可能患有强迫症，但是自我评估也会存在偏差，所以最终诊断还是要求助精神科医生。如果你仅仅符合其中的一部分，还不足以诊断，那么可以结合下面的建议进行一些积极的自我调整。

给狐狸先生的建议

1. 接纳症状

同样都是洗手，如果你开开心心地洗了十遍，你就是一个爱干净的人而已；如果你觉得不应该洗手，反复洗手是一种病，带着这种否认和痛苦的感受洗了十遍，那么你就有可能是强迫症。

强迫症之所以成为一种疾病，其中一个原因就是人们把自己的行为当成某种不应该出现的、有问题的表现，不断地抗拒和否认自己，才让自己陷入更加痛苦的循环中。其实从心理学的角度来说，任何症状的出现不只是有原因的，而且是有意义的。

比如狐狸先生之所以会出现强迫的症状，并且一直维持着这种症状，在患病期间一直拒绝很多可以帮助改善症状的治疗建议，其中一种可能的原因就是，症状的存在有它的作用，即相信自己是一个病人远比承认自己不如哥哥这个事实要容易得多。换一句我们常说的话就是，承受问题比解决问题要容易得多。但是这并不能真的帮助我们解决问题或者改变我们的困境。狐狸先生可以选择让自己某些方面变得更优秀，也可以选择看到自己身上有很多哥哥没有的优点。每个人都是独一无二的个体，拥有属于自己的价值，并且可

体会，因为他遇到了生命中非常重要的那个人。

精神病医院每天都会有固定的活动时间，但是怕出乱子，男性活动区和女性活动区是分开的，中间用铁丝网隔开，只有一道门，还会有一个护工维持秩序，不过经常可以看到有病人隔着铁丝网在聊天。一个阴天的午后，大家出来活动，小猴隔着细密的铁丝网，在女性活动区看到了另一位瘦瘦小小的、戴着一副黑框眼镜、面无表情的同类。她在活动区内来回地踱步，步伐好像是一部放慢速度的老电影。虽然她看起来很年轻，却好像已经活过了千年，缺少生命的活力。小猴不禁对她产生了一丝好奇，又有一点心疼的感觉，想知道她到底经历了什么。

“小雨，去打饭了。”所有的病友都争先恐后地去排队打饭，她好像完全没有听到同伴的呼唤一样，手里虽然拿着饭盆，却还在旁边缓缓踱步，冷眼旁观着排队的人群，好像这一切都和她没有关系。

小雨到底是一个怎样的人？经历了什么让她变成了今天这个样子呢？小猴默默思考着，想着有一天或许可以问问她。对于这个未知的同类，一种莫名的好奇缠绕着小猴。

1
小雨在哪儿—
2
雨还会停吗？
3
找到你了，我的朋友——
4
雨总会停的——

世间那么多快乐，没有一点属于我

抑郁症

引言：抑郁症是以持久而明显的心境低落为主，感到闷闷不乐，甚至悲恸欲绝。

这段时间又是南方的阴雨天，雨一下起来仿佛就忘记了停止。已经好几天没有见过太阳了，病房里的气氛都变得压抑起来。因为下雨，患者活动区很多用来解闷和锻炼的活动都进行不了，只剩下象棋、打麻将和玩扑克牌。大多数病人都无聊地踱步或者趴在桌子上睡觉，而小猴早早地就望向活动区的另一头，目光搜寻着小雨的踪迹。只见小雨蹲坐在靠近铁丝网的位置，呆呆地望向远方。她总是独来独往，没有朋友和伙伴，一个人默不作声。

“你是叫小雨吗？”小猴也没想到自己和她说的第一句话竟然这么傻，都不敢期待对方回复自己。

“嗯。”小雨的嘴唇似乎动都没有动。

“哦……我叫小猴。”气氛已经尴尬到无以复加的地步，这就是传说中的社死现场吗？小猴默默地在心里想，同时挖空心思地在找下一个话题。

小雨只是看了看小猴，然后又继续陷入沉默。

“这雨都下了好几天了，也不知道什么时候能停。”小猴望了望天空，聊天气总是没错的。

“不知道，也许停不了。”小雨的声音低沉又平淡。

“那怎么可能，总会雨过天晴的！”小猴笃定地说。

“是这样吗？”小雨的眼睛里闪过一丝亮光，却又转瞬即逝。

“肯定的啊！”小猴是一个很积极的人，除了发作的时候，他也很愿意鼓舞别人。

小雨望了一眼这个一脸笃定的侧脸，有点羡慕这个自带阳光的人。可是她觉得，无论如何也走不出自己的这个封闭的小世界了。

小雨的世界到底是怎样的世界呢？

小雨本来有一个别人看起来美满的家庭，家庭条件也不差。唯一的问题就是这个家庭非常重男轻女。小雨从小就不被父母正眼看待，有了弟弟以后就更加明显，只有“三口人”吃完饭了，小雨才能上桌吃一些残羹剩饭，还要收拾洗碗，承包一切家务。即使这样，也不时会迎来弟弟的拳打脚踢。如果她还手，妈妈就会毫无立场地支持弟弟，还要惩罚这个“不知道让着弟弟的坏姐姐”。她曾尝试向爸爸求助，可是得到的就是一句：“这种事和你妈说，我工作忙没空。”周而复始，小雨就对这个家彻底绝望了；或者说，她对生命彻底绝望了。她曾在学校尝试过一次自杀，最后被救了下来。之后就因“重度抑郁障碍”被送进精神病院。一眨眼就是三年，没有人来看她，即使病情稳定也没有人接她出院。她恳求医生让她给家里打个电话，电话那头的父母说他们已经搬家了，没办法接她，而且即使她自己出院了也找不到他们，小雨知道这是一个轻而易举就可以拆穿的谎言。

而支撑小雨活下去的唯一希望，是有一天可以出院，即使她也不知道出院之后的生活是否会过得更好一点，起码能有一点自由吧。就在这一点希望中，仍然不断地经受着失望的打击。可是她不敢放弃这一点希望，不然整个生命就会陷入彻底的无望中。

自评测试

每次说到抑郁症，都让人觉得非常沉重，但这又是一个无法回避的话题。患病率年年升高，而且逐渐年轻化，在青少年中的患病比例更是高得吓人。这些被贴上抑郁症标签的人真的是抑郁症吗？没有发现自己问题的严重性，仅仅觉得最近心情不好的人，该如何正确面对自己的问题呢？一起来测一测吧！

同时满足以下 1 ~ 3 点，即可判断为抑郁发作。

1. 在 2 周内，出现 5 项或更多下列症状，且前两项中必有一项。

√ 存在抑郁心境。

如小雨经常感到悲伤和空虚，对生命感到毫无希望。

√ 几乎对所有的活动都失去兴趣或愉悦感明显减少。

√ 体重明显减轻，或体重增加。例如，一个月内体重变化超过原体重的 5%，或几乎每天食欲都减退或增加。

√ 失眠或睡得过多。

小雨的睡眠质量很差，会经常失眠，入睡困难，有时候也会醒得很早。睡眠质量又会反过来影响她的情绪，形成一种恶性循环。

√感觉坐立不安或者反应变得迟钝。

√感到疲劳或精力明显不足。

√觉得自己毫无价值，或感到内疚、自责。

小雨经常会觉得自己一点用也没有，时常因为一点小事而感到自责。

√注意力不能集中，或犹豫不决。

√频繁地出现死亡或结束生命的想法，并有这样的企图或计划。

小雨已经不止一次想要终结自己的生命，并且也实施过这样的计划，因为救助及时才挽回了生命。

2. 这些症状引起明显的痛苦，或导致社交、职业或其他重要功能的损害。

3. 这些症状不是由于使用其他物质（酒精或其他成瘾物质）造成，也不是由其他精神疾病或躯体疾病导致。

4. 无躁狂发作或轻躁狂发作。（关于躁狂发作和轻躁狂发作，请参看下一节。）

温馨提示

如果你符合上述情况，那么你可能存在抑郁症，但是自我评估也会存在偏差，所以最终诊断还是要求助精神科医生。如果你仅仅符合其中的一部分，对于生活工作（学习）和社交的影响不大，那么可以结合下面的建议进行一些积极的自我调整。

给小雨的建议

1. 接纳抑郁

这一条看上去似乎是个悖论，不是要解决抑郁问题吗？为什么又要接纳抑郁呢？接纳了是不是就任凭它发展，摆烂躺平了呢？

这条建议其实来源于我听过的一位心理学老师的故事。他有家族遗传的重度抑郁，每次抑郁来袭都让他痛不欲生。当时还在上学的他也被迫休学，几次徘徊在生死边缘。在与心理学逐渐结缘的过程中，他慢慢学会了接纳。在某一次抑郁发作时，他没有像之前一样沉沦在自我否认和自我攻击中，而是选择接纳，接纳那片冰冷又黑暗的深渊，也接纳自己正独自一人身处深渊之中。当痛苦流经身体，就不再郁结于心。这一次的经历让他彻底摆脱了抑郁的困扰，并且让生命焕发出了新的能量。

其实任何情绪本身都是一种流动的能量，有来就有去，抑郁也不例外，只有接纳才能让能量顺畅地流动。

2. 及时就医

当我们发现自己存在情绪问题，并且已经超过了自己能够调节的范围，就一定要主动向外界寻求帮助。作为抑郁症患者的家人或朋友，也要重视这个问题，及时地给予支持和帮助。我见过很多青少年来访者的抑郁问题已经相当严重了，但是家人却不以为然，觉得这并不是什么问题，是小孩子矫情、幼稚才会这样，过一阵子就没事了，完全不知道自己的孩子正处于怎样的痛苦中。有些年轻的生命也因此而终结，令人叹息。

3. 增加体育锻炼

散步、慢跑、瑜伽等有氧运动等，不但可以让人强化身体素质、更好地应对抑郁，同时也可以减轻压力，增加多巴胺的释放，让人产生更积极和快乐的体验。而抑郁情绪本身就是与自我体验有关，所以规律的运动对于改善抑郁有着很大的好处。

4. 合理的饮食

均衡的饮食搭配和营养摄入，可以帮助身体抵消治疗抑郁症所产生的副作用，适当地摄入蔬菜、水果，减少酒精摄入，都有助于抑郁的恢复。我们的身体和心灵出现的任何问题，都是由生物、心理和社会等复杂的因素共同造成的，永远不能忽视我们的身体和我们的生物性。

5. 适当增加社交活动

抑郁症患者往往喜欢把自己“囚禁”在一座孤岛上，并不是他们天生喜欢孤独，恰恰相反，因为谦虚和讨好型性格，他们往往在人群中很受欢迎，和他们相处的时候你可能会觉得很舒服，因为他们会无限制地迁就他人的感受，而深深地忽视自己内心深层次的需求。当压抑已经成为一种习惯，被压抑的生命力就会转化为对自我的攻击，所以他们觉得自己很差、毫无价值，甚至不配活着。当这样的生命状态蓄积已久时，精神内耗会让一个人疲惫至极，看起来毫无能量。

所以在抑郁发作的时候，他们会把自己封闭起来，减少耗能，短期看起来似乎有利，但是如果长此以往，人将会被困死在自己所制造的囚笼里。在和他人交往时，我们可以感受到来自亲友的支持、鼓励和认可，收获愉快和幸福感，这更有助于抑郁症患者获得更好的自我体验。

6. 药物治疗

如果被医生确诊为重度抑郁，药物治疗也非常关键。精神科医生会根据病情搭配适合的药物。抗抑郁药和助眠药物确实存在一些副作用，但是远远没有谣传的那样严重，往往停药后一段时间副作用就会消失。一种药物之所以能够生产和使用，是因为它给患者带来的益处远远大于它的弊端。

7. 心理治疗

抑郁症本身与不良的思考模式、信念偏差等很多方面都息息相关。比如抑郁症患者会把很多事情灾难化，觉得天都要塌下来了。其实换个角度思考，你就能看到事物的两面性，犹如桌子上的半杯水一样。可是抑郁症患者在抑郁情绪的作用下，只能看到没有水的半杯，所以单纯的用药并不能改变这些信念和思考方式，而心理治疗恰恰可以从根源上解决这些问题。人际关系治疗、支持治疗、认知行为治疗、家庭治疗、伴侣治疗、团体治疗等多种心理治疗方式可以广泛地运用于抑郁症的康复和治疗中。

✦

小猴从喜欢聊天的病友那里得知了小雨的身世，更加心疼这个看起来柔弱却饱经风霜的小雨。他多次主动靠近小雨，逗她开心，陪她聊天，跟她分享自己的故事。时间久了小雨似乎也习惯了小猴的存在，他们总会隔着铁丝网聊天。虽然小雨看起来还是平淡如水，

对一切都没什么兴趣的样子，不过在和小猴交谈时似乎话比以前多了一些，也愿意分享自己的一些想法了。这些细微的改变让小猴欣喜若狂，他也会劝说小雨多配合医生和心理治疗师的治疗，这样她出院的概率就高了很多。小雨听取了小猴的建议，治疗时也比以前更积极了，并且参加了医院组织的兼职手工班，还可以赚一些生活补贴。虽然小雨做兼职后和自己聊天的机会少了，可是小猴还是打心眼儿里为她高兴，无论在哪里生活，他都希望她可以过得好。

小猴答应小雨，在他出院后会尝试联系小雨家那边社区的工作人员，看看是否可以等小雨痊愈以后接她出院，让她可以回归正常人的生活，这无疑也是小雨最关心的事情。

小雨最近也结交了新朋友，是她同屋的室友，一只瘦瘦的黑猩猩，大家都叫她阿英，如何形容阿英呢？她和小雨在一起，就像冰火两重天。以前的小雨让人觉得冷若冰霜，而阿英却热情似火，非把你灼伤不可。今天她又因为在活动区打伤了一名男病人（阿英原来学过拳击，力气大得不得了），被关了禁闭。隔离室里远远地就能听到阿英的哭喊声。为什么阿英会打架，又是因为什么她会住到这里呢？

1
新朋友，阿英——
2
像斗士——
3
像太阳花——
你搬不动，
我来——
4
放轻松，孩子
这并不是你的错——

情绪总是像在经历过山车，简直就是冰火两重天

躁郁症

引言：躁郁症也称双相情感障碍，是心境障碍的一种。所谓双相情感障碍，就是兴奋激越和抑郁抑制交替进行。

阿英因为气愤白天的事，且不满意自己被关了禁闭，护工送到门口的饭和汤，她一口也没动，一直在呜呜地哭着，委屈得不得了。小雨猜到阿英会闹脾气，就带了零食去看她。只见阿英可怜巴巴地坐在床边，一个人自顾自地哭着。

“阿英，别哭了，好好表现也许明天就可以出来了。”

“呜呜，他们不会放我出去了……”阿英哭得像个小孩子。

“怎么会？一共就这几个单间，哪舍得让你一直住。”小雨想逗她开心。

“哈哈……”本来在哭泣的阿英咧嘴笑了起来，没错，她就是这

么好哄。

“你看我给你带什么来了？”小雨掏出了阿英最爱吃的零食，是午餐时发的，小雨没舍得吃，现在倒舍得拿出来了。

“龟苓膏！嘿嘿！”阿英跑过来，从窗户缝隙里接过去，狼吞虎咽地吃了起来，心情好像瞬间变好了，眼睛又变得格外有神，恢复了往日的“神采”。

“这次又是因为什么打架？”小雨关心地问道。

“他们都欺负我！”一说起这个话题，本来脸上还带着笑的阿英马上又开始呜呜地哭了起来，小雨真是拿她没办法。

这已经数不清是阿英第几次打架了。她柔柔弱弱的娇小身躯，每次打起架来，两个男人都打不过她。其实没有人可以真的欺负她，但是由于她经常大发脾气，所以有的病人会故意去招惹她一下。

可以说阿英是一个让医院里所有人都有点头疼的“风云人物”，她的情绪总是像过山车一样，暴躁易怒的时候会无法自控地打人骂人；心情好的时候会和每一个人打招呼，热情地帮助其他病友；心情低落的时候，她会躲在一个角落看书或者一个人默默哭泣。阿英患的是双相情感障碍，也叫躁郁症，简单地理解就是躁狂和抑郁的交替发作，也有一种类型是以单纯的躁狂为表现。阿英的症状很重，用了很多药都只能暂时控制病情。

阿英有两个姐姐，妈妈是一个既传统又细腻的女人，爸爸是一个水泥工，善良、勤劳但是脾气有些暴躁。

家庭条件一般，与大多数平凡的家庭没什么两样。可是偏偏阿英似乎从小就和其他孩子不一样，情绪很容易波动，想法也往往非常极端，经常做出一些常人无法理解的行为。阿英从小因为力气大，又练习过拳击，很多男同学都打不过她。初中的时候她曾因为自己学习不好，有几个月都没有和同学说话，一心想要把成绩赶上来。可是最后并没有如愿提高成绩，更是压抑得险些崩溃。

长大后的阿英先后被两个男人欺骗了感情，身体上也受到了侵犯。这对于从小受传统思想影响的阿英来说，无疑是巨大的打击。从此阿英对男性就特别警觉，任何被她认为是挑逗或者侵犯的信号都会被她识别成巨大的危险，然后拼尽全力去反击。这也是她为什么住进医院的这几个月和好几个男病人发生冲突的原因。这些男病人都被阿英暴打了一顿。当然，阿英也少不了被关隔离室，而这一切在萤火虫医生来了之后才慢慢发生了一些变化。

自评测试

双相情感障碍也叫躁郁症，这个词近几年越来越多地出现在我们的视野中。这是一种比较严重的精神疾病，凡·高、达·芬奇、拿破仑等赫赫有名的人物都难逃它的折磨。那么到底如何判断自己是不是双相情感障碍呢？

双相情感障碍共有两种类型：双相Ⅰ型和双相Ⅱ型。测试的标准其实很简单，如果你出现过一次躁狂发作，那么你可能有双相Ⅰ型障碍，也就是说，我们测试一个人是不是双相Ⅰ型障碍，只要了解他是否出现过躁狂发作就可以了。那么什么是躁狂发作呢？别急，下面就是一个躁狂发作的小测试。

同时满足以下 1 ～ 4 点，即可判断为躁狂发作。

1. 在持续至少 1 周的时间内，在每一天的大部分时间里，出现明显并且持续的心境高涨、膨胀感、易怒或者情绪异常的活跃，感到精力旺盛。

阿英的情绪经常表现得非常高涨，笑声也要比别人高几倍。她精力旺盛，平时是劳动的好手，干活麻利，力气很大。同时，她又很容易被他人激怒，一个动作、一个眼神都可能把她惹恼。

2. 在心境紊乱、精力旺盛或活动增加的同时，存在以下 3 项或更多的症状，并且表现得非常明显，与普通人的行为呈现出比较明显的差异。

√ 自尊心膨胀或夸大。例如，觉得自己比他人都要好，高人一等，或者觉得自己拥有一些实际上不存在的特殊才能，应该被特殊对待。

√ 睡眠的需求减少。例如，觉得自己仅仅 3 小时睡眠就足够了，或者身体像充过电一样，充满能量。

阿英的睡眠时间很少，即使用了镇静催眠药也依然如此，并且白天时的她精力依然还是异常旺盛。

√ 比平时更健谈或有持续讲话的压力感。例如，嗓音洪亮、不停地“口吐莲花”，甚至不顾他人的意愿。

如果你和阿英聊过，你就会感受到她的声音是多么有穿透力，并且她的语速也快得惊人。在和萤火虫医生的咨询中，如果不用咨询时间进行控制，阿英可以滔滔不绝地说上一天一夜。

√ 意念飘忽或感受到思维奔逸。例如，思维和想法在一些没什么关联的事情上快速变换。

√ 注意力难以集中，很容易分心。例如，注意力很容易被不重要或毫无关系的外界刺激所吸引。

√ 同时要做很多活动。例如，计划要做很多事情，工作、学习或者社交活动等，但是已经远远超过了自己能力的范围。

√ 过度地去做一些高风险活动。例如，无节制的疯狂购物，不计后果的野蛮驾驶，轻率的性行为，做一些愚蠢的商业投资等。

3. 这种心境紊乱已经严重到足以损害社会交往、与亲人伴侣之间的关系，还有与工作相关的能力。有些人必须住院，以防止他们伤害自己或其他人。对于身边的人来说他们无疑是发生了巨大的改变。

4. 这种发作不是由于滥用成瘾物质、药物或由其他精神及躯体疾病所导致。

✦

躁狂与轻躁狂唯一的区别就在于是否会伤害到一个人的社会功能，比如社交、重要关系或者工作，其他的判断标准都是完全一致的，只是程度不同而已。阿英则已经严重影响了工作和社交，所以属于躁狂发作而不是轻躁狂。

自评测试

与双相Ⅰ型不同的是，双相Ⅱ型障碍至少同时发生过一次轻躁狂发作和一次重型抑郁发作，即可判断。

同时满足以下 1 ～ 3 点可判断为重型抑郁发作。

1. 在 2 周内，满足下列 5 项或更多表现，且前两项中必有一项。

√ 存在抑郁心境。例如，感到悲伤、空虚、无望。

√ 几乎对所有的活动都失去兴趣或愉悦感明显减少。

√ 体重明显减轻，或体重增加。例如，一个月内体重变化超过原体重的 5%，或几乎每天食欲都减退或增加。

√ 失眠或睡得过多。

√ 感觉坐立不安或者反应变得迟钝。

√ 感到疲劳或精力明显不足。

√ 觉得自己毫无价值，或感到内疚、自责。

√ 注意力不能集中，或犹豫不决。

√ 频繁地出现死亡或自杀的想法，有自杀企图或自杀的计划。

2. 这些症状引起明显的痛苦，或导致社交、职业或其他重要功能的损害。

3. 这些症状不是由于使用毒品或者药物造成，也不是由其他躯体疾病导致。

温馨提示

如果你符合上述情况，那么你可能存在双相情感障碍方面的问题，但是自我评估也会存在偏差，所以最终诊断还是要求助精神科医生。

给阿英的建议

1. 保持耐心

双相情感障碍是相对比较严重的一种精神障碍，仅次于精神分裂症，所以无论是诊断和治疗都是比较谨慎的。那么为什么面对如此“强敌”，第一条应对策略是保持耐心呢？首先是因为双相情感障碍的病程较长，一旦发现可能就要终身与之斗争，如果没有耐心，很容易就会跌入失望的谷底。其次是双相情感障碍的特性。我们在上面的测试中可以捕捉到一个反复出现的词，那就是“躁狂”。躁动不安、急于求成，不满足于现状，他们宁愿夸大自我来获得更好的自我感受，也不愿意通过漫长的过程去收获成长，这何尝不是对当下和生命缺乏耐心的表现。所以要时刻保持耐心，无论对于患者还是咨询师而言，这都是一个持久的挑战。

2. 药物治疗

药物治疗在双相情感障碍的治疗中十分关键，就好像高血压患者每天必须服用降压药物一样。通常我们会使用心境稳定剂、抗惊厥药物，严重时我们也会使用抗精神病药物。双相情感障碍的患者需要像重视吃饭一样重视吃药，随意停药很可能造成躁狂再次发作，极大地增加了下次治疗的难度。

3. 心理治疗

双相情感障碍的治疗虽然以药物治疗为主，但是心理治疗可以有效地缓解焦虑和抑郁，帮助患者调整不合理的信念，以及教会双相情感障碍的人如何处理和应对排山倒海的负面情绪，帮助他们成长，对于控制病情的复发、恢复社会功能也很有帮助。

4. 电抽搐治疗

当药物和心理咨询都不起作用时，可以尝试电抽搐治疗（ECT）。ECT治疗因为安全性和有效性，广泛地应用于严重疾病的治疗和控制发作。治疗时，患者处于麻醉状态，在头皮上使用短暂的电流，治疗时无明显的疼痛感，是比较常见的现代治疗方法。

5. 家庭治疗

双相障碍的患者不只影响自身的社交关系、学习和工作，同时也会给家人带来很大的压力。家庭治疗会教会家庭成员如何与这个“特殊”的成员相处，并帮助他恢复社会功能，也可以帮助缓解家庭成员自身的负面情绪。

✦

阿英在之后的治疗中除了原来的药物治疗，也辅助了心理治疗。通过一段时间和萤火虫医生的配合，这个让所有人头疼的阿英似乎开始出现了一些变化，连护工阿姨也说阿英最近好像稳重了一些，这也让大家看到了希望。

阿英不再打人了，也不再强烈地抗拒吃药，开始学会平衡自己的生活。虽然调整情绪的过程没那么容易，也经常会出现一些反复，特别是上个月妈妈来看她，阿英的情绪又出现了巨大的波动，连续又哭了几天，不过她后来还是慢慢调整了过来，恢复了情绪的平静。她和小雨的关系也越来越亲密了，这对两个人来说无疑都是一件好事。生命的空间需要很多好的关系才能支撑起来，如果只活在自己的世界里，那孤独和痛苦就会挥之不去。

阿英的情况好转后，她不但参加了医院组织的文娱活动，还担任了宿舍的舍长。因为她力气比较大，在平时的打扫工作中总是表现突出，经常受到护士长的表扬。她还认识了一个新朋友，是名男生，这对她来讲是一个很大的突破，这表示她摆脱了过去对于男性的敌意和攻击。

她的新朋友叫小言，是一只猫头鹰。小言戴着一副圆圆的黑框眼镜，眼睛总是瞪得大大的，有点呆滞，但是看起来很老实，工作也很认真，就是总躲在角落里，如果不仔细找你都很难发现他。

这和阿英大大咧咧的性格形成了强烈的反差，阿英也会经常开他的玩笑。虽然小言来这里有一段时间了，可是却没人知道他为什么来这里，他的背后又藏着哪些故事。因为他总是把心里话都藏起来，不善表达，也不敢表达。直到他遇到了萤火虫医生，小言孤独又神秘的世界才透进一丝光来。

1
嗨，有什么可以帮到你—
2
人潮拥挤让我害怕—
3
害怕到发抖~~~
4
可是你看，人群并不会伤害你呀—

我不想待在这里，谁能借我一件隐身衣？

场所恐怖症

引言：场所恐怖症又称广场恐怖症，主要表现为对某些特定环境的恐惧，如高处、广场、密闭的环境和拥挤的公共场所等，导致患者在这些场所出现严重焦虑、呼吸困难、濒死感，担心无法逃脱到安全的地方，感觉没有人可以帮助他，所以竭力回避这些环境，有的人甚至根本不敢出门。

一向沉默寡语的小言难得和主管医生申请，想要进行心理咨询。精神科的主管医生感到很诧异，每个正规的精神病院都会配备相应的心理治疗师，心理咨询与药物治疗相互配合，可以帮助患者更快的恢复。之前管床医生就建议小言去做心理咨询，但是他都是回避和拒绝，这一次却主动申请，着实让人感到意外。也许每个人的疗愈都有自己的机缘吧。

“有什么我可以帮你的吗？”萤火虫医生微笑着问。

“我……感觉……很害怕……可是我不知道该怎么办……”小言一脸紧张，小心翼翼又有点结巴地说道。

“现在吗？”萤火虫医生追问道。

“现在也有一点，但是……不严重……”小言的声音很小，而且语速十分缓慢。

“那什么时候会比较严重呢？能多说一点吗？”

“人多的时候，特别是排队打饭和大家在食堂一起吃饭的时候，我就感觉很紧张、很害怕。”小言的眼睛里掠过一丝惶恐的神色。

“和很多人在一起的时候，就会出现紧张和恐惧的感受，是吗？”萤火虫医生关切地问道。

“对，是的，我就会……紧张得不得了，恨不得马上可以消失，这种感觉真的让人太痛苦了。”说着，小言用双手捂着头，痛苦得不想再说话。

就这样安静了一会儿。

“当你处在人群里，是什么让你感觉紧张和恐惧呢？”萤火虫医生想让他通过冷静的思考，从泛滥的情绪里抽离出来。

“我……我感觉他们要伤害我，我怕他们打我……”小言面露痛苦。

“是曾有人对你做出过伤害的举动吗？”萤火虫医生关心地问。

“没……没有。”小言低下了头。

小言平时看起来默不作声，是一个非常安静内向的人，但其实这样的人往往有着非常丰富的内心世界，有着他自己都意识不到的攻击性、生命力以及很强的欲望，可是这一切都要被死死地压抑在他的心灵深处。为什么要如此压抑自己呢？可能和他有一个非常严厉的父亲有关吧。

小言的父亲是家里的经济支柱，他还是一个非常严厉传统的人，不允许小言有任何不符合他道德标准的言行举动，要小言做一个听话的“乖宝宝”。可是一个二十岁出头的男孩子在最有活力的时候，却迫于家庭环境的压力，只能把很多丰富有趣的、有点破坏力和冒险刺激的想法统统放在心里。

可是所有我们压抑的、无法正常表达的情绪和欲望都会通过另一种形式表达出来，小言选择的方式就是投射到其他人身上。他无法表达边界，也不敢攻击别人，他会觉得别人也时时刻刻想要攻击他，他又因为这种投射出来的攻击而感到害怕。所以当他身处人群中的时候，这种恐惧就会集中地爆发出来，导致了他的场所恐怖症。

自评测试

场所恐怖症的发病原因有很多，每个人都不同，即使是针对同一个病人的症状，也可以从很多方面去分析和思考。不过殊途同归，各种解释和治疗方法的终极目的都是一致的，即让病人深刻地了解自己，理解并接纳自己，更好地适应自己所处的环境。

那么和小言有相似困扰的人，到底是不是场所恐怖症，又该如何自救呢？一起来做一个自评小测试吧！

同时满足以下 8 点即可判断为场所恐怖症。

1. 符合下列 5 种情况中两种或两种以上，感到明显的恐惧或

焦虑。

√ 乘坐公共交通工具。例如，汽车、公共汽车、火车、轮船或飞机。

√ 处于开放的空间。例如，停车场、集市或桥梁上。

√ 处于密闭的空间。例如，商店、剧院或电影院。

√ 排队或处于拥挤的人群中。

√ 独自离家在外。

2. 个体恐惧或回避这些情况，是因为担心出现惊恐样症状，如心慌、出汗、颤抖等，或出现一些尴尬窘迫的状况时，如害怕摔倒、大小便失禁等，感觉难以逃离或得不到帮助。

在人群中，小言总会陷入一种莫名的恐惧中，心跳清楚得如打鼓一般，手心不由得渗出许多汗水来。他非常担心别人看到他恐惧的样子而把他当成一个怪胎。

3. 总是回避场所恐惧的情况，需要人陪伴，否则就要忍受强烈的害怕或焦虑。

4. 这种害怕或焦虑已经远远超过了实际危险。

5. 这种害怕、焦虑或回避持续至少 6 个月。

6. 这种害怕、焦虑或回避引起严重的痛苦感受，或导致社交、工作或其他重要功能的损害。

7. 即使有躯体疾病存在（如炎症性肠病等），这种害怕、焦虑也明显是过度的。

8. 这种害怕、焦虑或回避不是其他精神障碍引起的。

温馨提示

如果你符合上述情况，那么你可能存在场所恐怖症方面的问题，但是自我评估也会存在偏差，所以最终还是要由精神科医生进行诊断。如果你仅仅符合其中的一部分，对于生活、工作、学习和社交的影响不大，那么可以结合下面的建议进行一些积极的自我调整。

给小言的建议

1. 心理治疗

和焦虑障碍相关的问题，通过心理治疗都会取得比较理想的效果。焦虑情绪可能是由一些偏差的信念和想法所导致，而心理治疗中的认知行为疗法，针对的就是人头脑中存在的不合理的信念，并挑战这些信念，最后替换这些信念。比如场所恐怖症的人会认为自己所处的环境即将威胁到自己的生命安全，经过仔细的推敲和探讨，患者会认识到自己的信念存在一些不合理的地方，过于灾难化。当信念松动和改变，情绪和行为也就自然会发生变化。

2. 药物治疗

对于焦虑和恐惧症状明显的人，或者严重影响到睡眠，可以配合药物治疗，短期使用可有效地缓解症状。具体用什么药、用多大剂量、用多长时间，医生会根据患者的情况开具。长期用药可能会造成依赖或者耐药，增加副作用，所以用药期间需要定期复查。

3. 规律运动

持续规律的有氧运动，每周达到 3 ～ 5 次，每次运动时间超过 30 分钟，可以有效调节大脑的神经递质，从而缓解焦虑和恐惧情绪，同时可以改善心肺功能，更好的健康状态也有助于情绪的改善。

4. 改善生活习惯

培养良好的生活习惯对于拥有良好的情绪也很有帮助，虽然这不容易做到，但是我们需要克制一部分本能和任性，做一些真正对自己好的事。规律的睡眠、减少咖啡因的摄入、良好的社交体验，对于维持身心平衡都十分有好处。

5. 放松疗法

我们的情绪受植物神经系统的调节，当出现过大的压力或事件，超过植物神经系统的调控能力时，这个系统就会出现节律的紊乱，使我们的身体和精神无法真正地放松下来。放松疗法可以调节我们的神经系统，使它们恢复正常的节律。肌肉放松法、瑜伽、冥想、聆听轻音乐、禅修等都有这样的效果。我们可以慢慢探索适合自己的方式，学会给我们的身体和心灵放个假。

经过规律的治疗，小言恢复得很快，吃饭的时候不再躲在角落里了。他还找到了几个可以聊天的好朋友，并且和主管医生计划下个月的出院事宜。这让不少病友都羡慕不已，尤其是龟先生。龟先生同样也是医院里的名人，每次新来的医生或者护士都免不了经受他的“折磨”。

龟先生喜欢每天不停地拉着人说话，说话的内容都是单一重复的，正常人是没法理解他所要表达的内容的。所以没有人真的了解龟先生到底是什么样的人，经历过什么，他所说的故事到底是真是假，这就是他的神秘之处。萤火虫医生是少有的会耐心听他说几句话而不会粗暴打断他的人，但是不听还好，一听又让萤火虫医生吃了一惊。

“萤火虫医生，我有事和你说。”龟先生一脸的焦虑。

“怎么了？”萤火虫医生问道。

“我的爸妈好像去世了，我想问问你，他们在哪儿？”龟先生哭丧着脸。

这些话让萤火虫医生一头雾水，这到底又是怎么一回事呢？

1
我和你说啊……
2
I am king ——
3
本王要封你做飞天大将军！
4
好吵好吵——

我有自己的世界，我的世界你们永远不会懂

精神分裂症

引言：精神分裂症是以基本个性改变，思维、情感、行为的分裂，精神活动与环境的不协调为主要特征的一类最常见的精神病。

“可以说说你的困惑吗？”萤火虫医生问道。

“我的父母好像死了。”龟先生的情绪十分低落。

“是谁告诉你这个消息的？”萤火虫医生听了他的话，在心里已经有了一些推测，所以语气显得很平静。

“护工告诉我的！”

“哪个护工？他是怎么和你说的呢？”

“我也记不清是哪个护工说的，他好像在和别人谈论这件事，被我听到了。”龟先生还可怜巴巴地眨着眼睛，像找不到父母的小孩子。

“那你是怎么确认他们一定说的是你的父母呢？”

“嗯，我感觉就是这样的。医生，我父母就住在这附近，你能找人帮我去看看吗？他们到底死了没有？”龟先生一边说着，一边拿过萤火虫医生记录的纸笔认真地写下了一个地址。

“很抱歉，这个忙我可能没办法帮你呢，我主要负责解决你的心理问题。”萤火虫医生依然面带微笑地说道。

“心理问题……我不想活了，医生……”龟先生忽然有点激动。

“是什么原因让你产生了这样的想法呢？”

“原来我在恩城是做皇帝的，可是现在我什么都没有了。这里的人对我一点也不好，吃零食都很费劲。我太痛苦了，不想活了。”说着，龟先生痛苦地流下两行泪水。

萤火虫医生深切地感受到龟先生的痛苦是真实的。当你真实地感受到他人的痛苦和无望，他所说的话是真是假就不再重要了。

龟先生的身世真的很难弄清楚，因为他说的话让人完全无法判断是真是假。他是被警察送来的，当时龟先生一个人在马路上来回地绕圈，嘴里还念念有词。警察感觉奇怪便上前盘问，可是龟先生的回答完全是驴唇不对马嘴。警察猜测他的精神不太正常，于是就把他送来了精神病院。龟先生住进来的这几年基本上也没有人来看过他，于是龟先生就一直带着他的痛苦和秘密生活着。

自评测试

龟先生就是传说中的精神分裂症患者，也是人们口中的“疯子”“精神病”。在现实生活中，也有一些症状较轻、高社会功能的精神分裂患者，他们也有自己独特的世界。如果他们出现在你身边，你也许未必可以看得出来。那么精神分裂症需要符合哪些标准呢？一起来了解一下下面的小测试吧！

精神分裂症至少满足以下 2 种症状，并且持续时间超过 1 个月。

1. 妄想。坚信的一些想法和信念荒诞离奇，与事实严重不符。

如龟先生确信自己曾经是皇帝，是叱咤风云的大人物，很多人都追随他。

2. 出现幻觉。

龟先生时不时会听到有人在辱骂他。每到半夜 12 点就会看到有白衣女子坐在他的床边，这是明显的幻听和幻视，都属于幻觉的一种。

3. 出现紊乱的言语。

龟先生说的话经常前言不搭后语，有些明显与现实不符，但是他自己却深信不疑。

4. 严重的行为紊乱或者紧张症行为。

5. 阴性症状。较少表达自己的情绪，对于生活和未来毫无打算，出现意志减退，并且上述症状不是由其他精神障碍或者服用某些药物所致。

温馨提示

自我评估会存在偏差，最终还是要由精神科医生进行诊断。

给龟先生的建议

1. 早发现、早治疗

很多精神分裂患者最初出现症状都是在比较年轻的时候，这时也是治疗的最佳时机。但是有些家长以为自己的孩子只是与众不同，或者没有在意孩子出现的一些变化，便错过了早期治疗的机会。病情越往后进展，治疗的难度就会越大，所以早发现、早诊断、早治疗对于精神分裂症来说是非常有意义的。

2. 药物治疗

精神分裂症是除了神经发育障碍以外最严重的一种精神疾病，所以药物治疗对于精神分裂症的治疗非常关键。虽然目前还没有一种能够治愈该病的特效药，不过可以治疗和缓解该病症状的药物已经很丰富，医生会根据病情的特点，选择适合的药物。规律的用药不但可以减轻疾病发作的程度，同时也可以预防再次发作。

3. 家庭、社会的支持

精神分裂症一旦发生，就注定不是一个人的事情，因为患者的社会功能往往会出现严重的损害，同时存在着自伤自杀以及伤害他人的风险。所以对于一个精神分裂患者来说，家人的照看、社会的支持都是十分重要的。

4. 心理治疗

心理治疗对于精神分裂症的治疗可以起到辅助作用，认知行为疗法可以帮助患者增加现实感。让他们与幻觉共存，而不是一直执着于幻觉或是摆脱幻觉。相比消除幻觉或者妄想，一定程度地恢复患者的社会功能，让其可以照顾自己、有一份工作可以养活自己，可以融入社会，显然更有意义。

对于龟先生来说，他的年龄比较大，加上病程又长，完全恢复得和正常人一样，希望已经很渺茫了。但是规律的用药，配合心理治疗可以让龟先生的病情相对稳定，起码可以适应住院的生活。其实龟先生也是一个交际高手，他总是不厌其烦地拉着别人聊天，所以可以和很多人搭上话。但是总在河边走哪有不湿鞋的，这回他就找错了对象。

✦

中午在开饭前，由于要来回搬运餐具，铁丝网的小门会短暂地打开。龟先生远远地看见喵小姐走了过来。喵小姐是一只狸花猫，看起来娇小可爱，可是从来没有男病人敢去找她聊天。喵小姐的几次“战绩”足以让人望而生畏，可是偏偏龟先生完全不了解这些，毕竟他只活在自己的世界里。

凑上前去还没说几句话，龟先生的脸上就挂了“幌子”：他胖胖的脸上除了被抓的指痕又多出了两行泪水，真是“命途多舛”呀！这已经数不清是喵小姐第几次被关禁闭了，喵小姐每次打完人，医生了解情况时都会觉得她是受害者，但是看监控里她抓人的功夫真的是毫不含糊。这身功夫又是如何练就的呢？那就要从她小时候说起了。

1
猫小姐，你好呀～
2
……猫小姐你好凶呀～
3
不友好的童年
95
4
您拨打的电话
暂时无人接听——

都不要惹我，我的情绪比天气还要难以预测

边缘型人格障碍

引言：边缘型人格障碍的个体会存在极端又频繁的心境变化，糟糕的自我形象，经常存在很多人际关系的问题。他们的情绪不可能只是一点点的程度，每种情绪反应都非常极端。

喵小姐是一个十八岁的小女孩，刚接触时会让人觉得她是一个人畜无害的小可怜，但她打起人来却十分凶猛。

这一切既和她妈妈有关，又和她妈妈无关。为什么这么说呢？因为喵小姐的性格一部分遗传自她妈妈，还有一部分与她的成长环境有关。用喵小姐的话说，她妈妈就是一个“精神病”，经常无缘无故地辱骂她“婊子”“贱人”“赔钱货”等难以入耳的话，情绪激动的时候还会对她一顿拳打脚踢。

小时候，喵小姐就是单纯被妈妈打骂，长大了就变成了母女之

间的相互“残杀”。本应该成为家庭缓冲地带的爸爸，却因为工作常年不在家，即使偶尔回家，也完全不理会喵小姐的倾诉，只是让她好好听妈妈的话，说妈妈很不容易。

“医生，你知道吗？所有的父母都爱自己的孩子，这真的是最大的谎言！有些父母不知道怎么爱，有些父母是根本就不爱，他们是没有资格做父母的，可是偏偏做父母不需要考试，两个人一冲动就成父母了，这真的是太悲哀了。所以我是不会要孩子的，我知道自己可能照顾不好他们，所以我也不会让他们来承受这些伤害。”喵小姐平静地说。

这些患者在做心理咨询的时候，经常出现很多特别的时刻，在一刹那间，一切黑白都会颠倒，他们不再是让人避之不及的“精神病人”，而是教育家、哲学家、艺术家，是人间最清醒的一群人。有时候萤火虫医生甚至分不清谁是医生，谁是病人。也许所有生命都是平等的吧，只是不同而已。

虽然喵小姐在心理咨询的时候镇定自若，可是因为以往这些独特的经历，在面对一些冲突的时候往往反应强烈，总是用非常激烈的行为来宣泄自己的情绪。有时她表现得很有自信，有时又极端自卑和敏感，而且多次出现自伤自残的行为，她的胳膊和手腕上都是曾经留下的伤痕。

自评测试

边缘型人格障碍近些年逐渐被大众熟知，但是多数都是被包装过的夸大其词，很少有人真正的了解。边缘型人格障碍到底有什么表现？有了这个问题又该怎么办？有相同疑问或者对此感兴趣的朋友，一起做下面的小测试吧！

边缘型人格障碍是一种人际关系、自我形象和情感不稳定及行为冲动的普遍模式，起始不晚于成年早期，存在下列5项（或更多）症状即可判断。

1. 强烈害怕被他人抛弃，并且极力避免这种情况发生。

2. 不稳定的、紧张的人际关系模式。

如喵小姐经常和其他病友发生冲突，轻则骂人，重则大打出手。

3. 极不稳定的自我形象或自我感觉，有时候觉得非常自信，有时又很自卑。

4. 至少在两个方面存在自我损伤的冲动。例如，消费、性行为、物质滥用、鲁莽驾驶、暴食等。

5. 反复发生自杀行为、自杀威胁，或自残行为。

6. 由于显著的心境反应所致的情感不稳定。

喵小姐经常感到强烈的烦躁，表现得暴躁易怒，或是严重的焦虑。

7. 慢性的空虚感。

喵小姐也不止一次想到了死亡，感觉自己生活非常乏味，没什么意义，还不如一走了之，结束所有的不幸。

8. 强烈愤怒或难以控制发怒。例如，经常发脾气，持续发怒，重复性斗殴。

9. 短暂的偏执观念（如猜测别人对自己有不良的企图）或严重的分离症状（如感觉自己与世界分离）。

温馨提示

如果你或身边有人符合上述情况，那么就可能存在边缘型人格障碍方面的问题，但是自我评估也会存在偏差，所以最终还是要由精神科医生进行诊断。如果仅仅符合其中的一部分，对于生活工作和社交的影响不大，那么可以结合下面的建议进行一些积极的自我调整。

给喵小姐的建议

1. 心理治疗

除非合并了严重的抑郁、焦虑或者睡眠问题，否则药物对于人格障碍的治疗都是杯水车薪，更多的是需要长期的心理咨询，以逐渐使患者的人格发生改变，边缘型人格障碍也不例外。辩证行为疗法（DBT）被证实为可以有效帮助边缘型人格障碍患者改善症状的一种方法，它是一种特殊的行为治疗方法，主要包含四个主要技能：正念（在前文中提到过）、提高人际关系有效性、学会情绪管理及提升对负面情绪的容忍度。

2. 寻找互助团体

边缘型人格障碍患者的情绪反应比一般人强烈很多，很小的一件事都可以让他们情绪崩溃、大发雷霆或者悲痛万分。他们多数经历过非常波折的童年，不良的抚养方式让他们的神经变得高度敏感。这些特别的经历形成了特别的人格，常人无法理解他们的现状也会让他们显得异常的孤独和另类。寻找相似的团体，互相交流，一起成长，对他们来说也是非常有意义的。

3. 家庭的帮助和支持

虽然很多边缘型人格障碍患者在生活中是非常有魅力的人，但是长期和他们相处有时会让他们身边的人感觉到困难和疲惫，特别是在你不了解这是一种疾病的时候。如果你是一位边缘型人格障碍患者，可以尝试坦诚地告诉你的家人自己存在的问题，寻求他们的理解和帮助，陪伴着你一起渡过难关。家人的理解和支持，无论在任何时候都是非常重要的，即使是在你觉得不重要的时候。

✦

聪明的喵小姐知道自己想要出院十分困难，因为如果没有直系亲属来办理出院手续基本上出去的希望就是零。住院两年了，她从未见过自己的家人，也许他们觉得她这个“让人痛恨的包袱”终于被甩了出来。

喵小姐也经常会被无望、痛苦和空虚感裹挟着，可是她知道活下去是唯一能选择的路，所以也十分配合医生的治疗，对于情绪的调控能力也慢慢变强了一些。

其实，即便是医生也无法去除他人生活中的所有痛苦。医生只能帮我们接纳痛苦的存在，在痛苦之余也能去感受快乐，在感受生活的无奈之余，也能感受一些生活的美好。

相比喵小姐，小猴是比较幸运的，一眨眼住院已经一个多月了，他的病情也有很大的好转，接下来只需要规律治疗就可以了。小猴的心里虽然有一些像是“出狱”般的欣喜，但是也有一点留恋这里的病友们，当然还有萤火虫医生，她可能已经是这个世界上最了解他的人了。小猴想着一定要把这里丰富有趣的故事讲给松鼠先生听，松鼠先生一定特别感兴趣。小猴妈妈听闻小猴住院的事情，特意从外地赶来接小猴出院。远远地，小猴就看到妈妈和松鼠先生在门口等着，小猴开心地跑向他们。

“新生活要开始了！”小猴在心里默默地想着，伴着一些欣喜和小激动。

1
出院啦～
2
欢迎回来，我的朋友——
3
想成为萤火虫医生一样的人，
去帮助他人—
4
学习的第一天，
酗酒的蚂蚁先生—

我不是不想戒，我是真的戒不掉

物质使用障碍

引言：物质使用障碍属于成瘾障碍的一种。物质使用障碍的个体存在紊乱的思维和行为表现，明知道持续使用这种物质(如酒精、咖啡因、毒品等)会产生一些问题，但是依然控制不住自己这样做。

回去的这几天小猴可没闲着，他把住院期间见到的有趣的、感人的、悲伤的故事都讲给松鼠先生听。松鼠先生听得津津有味，不由自主地对那个新奇的世界充满了好奇。

那么多人经过专业精神科医生的治疗后，又可以重新回到自己原来的生活中，去感受、去经历、去爱，松鼠先生觉得这是一件非常有意义的事情。于是，他做了一个重大的决定，给自己一直按部就班的人生来一趟说走就走的“旅程”。他对小猴说自己不想再做工程师的工作了，想和萤火虫医生一样，做一名心理治疗师。小猴听后许久没说话，但最后还是微笑着说了一句“我支持你”。

在松鼠先生这个年纪转行并不是一件容易的事情，一切都要从零开始。他要从一个成熟的工程师变成一个一无所知的“小白”心理咨询师。即使松鼠先生在大学的时候学习过一些心理学的知识，还参加过心理咨询师的考试，可还是需要很大的勇气，才能重新开始这个成长和历练的过程。但松鼠先生还是对这一切都充满了期待，他准备在学习理论的同时也结合一些工作实践。一想到这些，松鼠先生的内心就有压抑不住的激动。

“我想找一位老师，跟着老师学习，进步肯定会快一点，可是找谁呢？”松鼠先生陷入了沉思。

“萤火虫医生！”他们两个同时说出了她的名字，然后相视大笑起来。

松鼠先生决定向萤火虫医生拜师学艺，在心理学的道路上给自己找一个引路人。虽然他知道这个过程将是艰辛的，可是松鼠先生还是很高兴有这个机会，并准备明天一定要好好争取一下。想到又可以见到萤火虫医生，并且和她一起工作，今晚他要兴奋得睡不着觉了。

萤火虫医生看到松鼠先生和小猴的时候吃了一惊，听他们说明来意之后，更是觉得突然转行这件事有些不可思议。经过一番交谈，了解到松鼠先生的决心和初衷，她也不由得有点被他的真诚打动，再加上小猴三寸不烂之舌的加持，萤火虫医生最终还是答应松鼠先生做她的“助理”。

“萤火虫老师真的是好多面啊，每一面都那么优秀，能跟她一起工作的话一定收获不小。”松鼠先生望着天空，傻傻地笑着。

“真是拿你没办法，说转行就转行，心理学虽然魅力无穷，可是做起来却不容易。俗话说冲动是魔鬼，我看你已经上头了。”小猴无奈地笑笑。

“俗话还说，再不疯狂就老了呢！”松鼠先生不以为然地说道。

“那倒也是，人生能留下一些疯狂而难忘的回忆也是好的，一成不变的生活最后回想起来倒像是白开水了。”小猴逐渐放下一点儿对这个老友的担心。

“哈哈，知我者小猴也，来人间走这一回无非是换一点体验。索性随心一点，痛快一点也好。成与败不重要，尽兴就好。”松鼠先生的眼神里透着从未有过的笃定。

明天要有一个新的开始了，松鼠先生带着几分期待和忐忑沉沉地睡去。

第一天和萤火虫老师一起工作要比想象的容易一些。她并没有因为了解松鼠先生的过去而使场面变得尴尬，而是经常发出爽朗的笑声，松鼠先生觉得她是个干脆利索的爽快人。

松鼠先生也没想到，第一天上班见的就是大场面。

“前台呼叫萤火虫医生，请速来门诊大厅，需要治疗师配合……”对讲机里传来一阵呼叫声。

“收到了。”萤火虫医生回复之后便起身前往大厅。此时松鼠先生的心跳开始加速，不知道来了何方神圣。

还没走到大厅就听到一阵号叫和骚动的声音，原来是蚂蚁先生。两名保安和一名高大的护工在控制着他，应该还没有入院。只见他穿的还是自己的衣服，并不是医院的病号服。蚂蚁先生的身体直挺挺的，并不像普通人有正常的弯曲，并且在拼命地挣扎，嘴里不停地发出呜呜的号叫。有两位蚂蚁女士在一旁劝他听医生的话，好好住院治疗。松鼠先生猜测应该是他的老婆和女儿。可是蚂蚁先生完全听不进去，一直挣扎着。三个人都很难控制住他，但最终他还是被制服了。

蚂蚁先生会有今天，就是因为他嗜酒如命。

蚂蚁先生本来有一份很稳定的工作，一直也干得不错。可是天生要强的他看到别人纷纷下海经商赚到了钱，他也待不住了，于是决定辞职创业，和朋友合伙开了一家传媒公司。起初经营还算平稳，公司也逐渐开始盈利。

蚂蚁先生很年轻的时候就得了强直性脊柱炎，几乎半生都在和这种病作斗争。因为从小就被教导一切都要做到最好，要做最优秀的人，所以虽然蚂蚁先生活得很累很疲惫，无法轻松地享受当下，可是也确实拥有着普通人没有的毅力和勇气。虽然这种疾病带给他很多痛苦，可是他从来没有认输过，坚持锻炼健身，状态一直保持得不错，可是这一次，他认输了。

创业的第三个年头赶上了经济危机，行业不景气，蚂蚁先生每天看着公司入不敷出却毫无办法，慢慢地就只能靠借钱来维持最起码的开支。他以为可以撑过这个寒冬，可是生意却像股票一样跌起来就没有底。他借遍了亲朋好友，也耗完了自己最后一丝脸面，终究还是没有等到绝地反弹的那一天，公司倒闭后还欠下了几十万元的债务。

这次惨痛的失败，击垮了蚂蚁先生只能成功、只能完美的人生信条，从此他便一蹶不振了。家里的欠款都是妻子打工在还，他选择用酒精麻痹自己，酒量也越来越大。逃避问题总比解决问题来得更容易，当他觉得不能再这样下去，想要戒酒的时候，却发现自己已经戒不掉了。不喝酒就会浑身难受，甚至会颤抖，严重时连站都站不稳；喝醉后还经常打人骂人，虽然酒醒后他很后悔，但就是完全无法控制自己。他感觉自己的身体已经属于酒精，不再属于自己了。喝酒后的蚂蚁先生甚至会出现幻觉，在那个虚幻的世界里他依然是那个豪情万丈、永不失败的英雄。

自评测试

我们对于物质使用障碍这个词似乎很陌生，但你一定听过或者见过沉迷酒精以及成瘾物质的人。其实这些人都属于物质使用障碍，这些人很容易被贴上不够自律、没出息的标签，但是很少有人知道这其实属于一种精神疾病，需要专业的治疗。当大脑的神经递质和结构被成瘾物质改变的时候，很难通过自控来完全戒掉，那么成瘾达到什么程度可以判断为物质使用障碍呢？通过下面的自评小测试一起来了解一下吧！

酒精引起的物质使用障碍是一种有问题的饮酒模式，给饮酒的人带来明显的伤害和痛苦，在12个月内表现为下列至少2项。

1. 饮酒往往比自己计划的量更大或时间更长。

有时候蚂蚁先生想着只喝一点点，解一解酒瘾就好，可是往往一喝酒就停不下来，最后又是醉成一摊烂泥。

2. 对酒精有持久的欲望，或试图控制自己饮酒。

3. 把大量时间花在饮酒或者从醉酒状态中恢复过来上。

蚂蚁先生终日泡在酒坛里，已经无暇顾及自己的事业和家人的感受，不是在喝酒，就是在醒酒，周而复始，他的生活已经完全被酒精腐蚀。

4. 对饮酒有非常强烈的渴望和需求。

5. 反复的饮酒导致不能履行在工作、学习或家庭中的主要角色的义务。

6. 尽管饮酒已经引起严重的社会和人际交往问题，但仍然继续使用。

7. 由于饮酒而放弃或减少重要的社交、职业或娱乐活动。

8. 在对身体有害的情况下，仍然反复饮酒。

9. 尽管认识到饮酒可能会损害生理或心理健康，但仍然继续。

10. 耐受，符合下列两项中的一项。

（1）需要显著增加酒精的量以达到过瘾或预期的效果。

（2）继续使用同量的酒精会显著降低效果。

11. 戒断，符合下列两项中的一项。

（1）出现戒断症状，如口齿不清、肢体不协调、步态不稳等症状。

（2）摄入酒精用于缓解或避免出现戒断症状。

✦

关于酒精引起的物质使用障碍，也可以通过上述测试进行严重程度的评估。

轻度：存在 2 ～ 3 项症状。

中度：存在 4 ～ 5 项症状。

重度：存在 6 项及以上症状。

温馨提示

如果你符合上述情况，那么你可能存在酒精引起的物质使用障碍，但是自我评估也会存在偏差，所以最终还是要由精神科医生进行诊断。如果你仅仅符合其中的一部分，对于生活工作和社交的影响不大，那么可以结合下面的建议进行一些积极的自我调整。

给蚂蚁先生的建议

1. 家庭的帮助

酒精使用障碍的人常常被称为“酒鬼”，其实这也生动地描述了在酒精的控制下，人失去正常生活状态的样子。同样受到困扰的还有他们的家人，因为酒精滥用的人往往没办法正常工作，也无法履行自己的家庭责任。在酒精浸泡下的他们已经无暇再去思考责任，这个时候能够给他们支持、监督，帮助他们恢复正常状态的也同样是家庭的力量。

2. 寻找互助团体

有酒精使用障碍的人并不少，也有很多的戒酒互助团体，大家在一起分享自己的故事，分享戒酒经验，相互监督、促进，这样的团体同样可以带给人疗愈的力量。

3. 药物治疗

药物治疗也可以帮助控制酒精成瘾的发作，同时如果合并了焦虑和抑郁，药物也可以达到很好的疗效，帮助我们摆脱困境。所以有这类问题的朋友一定要及时求助精神科医生。

4. 心理咨询

其实每个生命都有趋向卓越的倾向，只是土壤出现了问题，这是心理学流派中人本主义的观点。没有人生下来就想一辈子在喝酒中度过，在面对事业不顺、感情不如意时，有些人低估了酒精的坏处，却高估了沉迷酒精的好处。沉浸在一片美好的幻象中，总要比面对一地鸡毛的生活来得更容易，慢慢地这种“容易”让生活变得更加不容易。当你想要回头时，却发现已经距离岸边太远了，远得超过了自己的应对能力。这时候就需要有人来帮助你，获得支持和力量。心理咨询无疑是一个理想的选择。心理咨询广泛应用于成瘾障碍的治疗中，并且取得了非常理想的成效。

✦

萤火虫医生协助精神科医生一同为蚂蚁先生做了病情评估，并且从心理学角度给出了自己的建议，同时对家属做了安抚工作。

“真是一个刺激的开始啊！”松鼠先生打趣地说道。

“不害怕吧？”萤火虫医生关切地朝松鼠先生笑笑。

“啊？不会，不会，我的胆子没那么小，哈哈！”松鼠先生被这突如其来的问题搞得措手不及，还不习惯被一位女士问这种问题。

“可能她在医院见惯了不同寻常的事，甚至连生死也见怪不怪了。”松鼠先生在心里想。

关于这种疾病有关的知识和治疗的方法，萤火虫医生又给松鼠先生耐心地讲了一遍。松鼠先生听得津津有味，笔记做得密密麻麻，他可是一个心细如发的人。萤火虫医生讲解得也十分细致，生怕有哪个知识点没有讲到。松鼠先生感叹自己真是遇到了一位良师益友，不知道明天又会见到怎样曲折离奇的故事。

1
睡不好的绵羊小姐—
2
距离高考还有30天
3
不敢拿回家
的第二名…
4
999999……9只羊—

黑眼圈常伴，辗转反侧的痛苦谁能理解？

失眠

引言：失眠的人常常难以入睡或者难以保持睡眠，无法拥有充足的睡眠体验，或者在醒来时感到能量没有恢复。

今天是开始新工作的第二天，松鼠先生觉得工作这么多年，从来没有如此充满期待地开始一天的工作，也许这就是热爱的力量吧。他回想和小猴之前的谈话，是什么原因让他放弃原来已经熟悉的工作领域，选择了一份如此陌生又“吃力不讨好”的工作呢？松鼠先生似乎对心理学有一种天然的兴趣，这种兴趣一部分可能来自童年承受过的那份不幸，他想要通过自己的努力，去超越那些不幸，实现自我救赎，同时也能帮到其他人，相信这也是很多人学习心理学的原因；另一部分可能是天性使然吧，松鼠先生喜欢探究事情背后的道理，看见那些有精神或心理问题的人，他并不会歧视对方或者感到奇怪，而是怀着一种悲悯之心，因为他觉得他们都是带着自己丰富又离奇的遭遇来到诊室或者医院，放下怀疑，带着信任来寻求医生的帮助，这个过程本身就让松鼠先生感动，因为这样的勇气并不是人人都有的。

松鼠先生不知道自己能否有一天可以成为一个真正帮到他们的人，但是他愿意安静下来去聆听他们的故事，在那些故事中和他们一起成长。

松鼠先生很早就到了医院，还没几个人来上班。他准备趁这个时间整理一下萤火虫医生的诊室，没想到她已经来了。

“萤火虫医生来得好早啊！”松鼠先生的声音里带着几分兴奋。

“你也很早啊！”看到松鼠先生，萤火虫医生也有几分诧异，很少有人这么早来上班。

“以后不要叫我萤火虫医生。”

“哈哈，那叫你什么？”

“叫我阿萤就可以。”萤火虫医生的脸上带着温和的笑容。

“阿姨？”松鼠先生显然开了一个欠打的玩笑，他想活跃一下气氛又担心萤火虫医生会生气，心里还有几分忐忑。

“哈哈哈，阿姨也可以，我也确实比你大很多。”萤火虫医生并没有生气，而是爽朗地大笑起来。

“嘿嘿，我知道了，萤火虫医生。”松鼠先生没想到感到尴尬的反而是自己，不过目前还是想叫她萤火虫医生，松鼠先生觉得她身上有很多值得自己学习的地方。

不知不觉间，已经开诊了。

“请绵羊小姐到二诊室就诊。”广播里传来叫号的声音。

绵羊小姐走了进来，她整个人看起来无精打采的，眼睛挂着很重的黑眼圈，坐在椅子上的她好像是瘫软下来的。

“你好，有什么困扰呢？”萤火虫医生温柔地问道。

“我有好久都没有睡好觉了，医生你快帮帮我吧！”绵羊小姐无力地恳求道。

“大概有多久没睡好了？”

“已经有两年了，断断续续一直都是这样。晚上会一直翻来覆去的，怎么也睡不着。”

“主要是入睡比较困难吗？会早醒吗？”

“不会早醒，但是感觉睡眠质量不是很好，白天感觉精力明显不够用，没精神，有时候头会很痛，反正非常难受。”绵羊小姐一脸的痛苦。

绵羊小姐是一名高三的学生，高考的压力以及课业负担，让她不堪重负，偏偏父母又非常严苛，从小教育绵羊小组做事必须做到完美才行，考试必须考第一才可以，不然就是绵羊家族的耻辱。记得有一次绵羊小姐考了第二名，在家门口徘徊了很久都不敢进家门，不敢去面对父母。每逢过年，别人家都在和和乐乐地团聚一堂，分享美食佳酿，绵羊小姐却要当着所有人的面汇报过去一年的“情况”，说新一年的计划和目标，说完了还要被点评一番。所以过年对于其他人来说是放松的和值得期待的，但对于绵羊小姐来说，却是一种逃不掉的梦魔。

独特的原生家庭，带给绵羊小姐很多不同的体验，当然这其中有好有坏，最突出的特点莫过于她的焦虑。从初中开始绵羊小姐的睡眠就开始出现问题，她总是很难入睡，到了高中这种情况明显加重。每次考试前夕，绵羊小姐至少要失眠一个月，老师交给她什么任务，她提前几天就会睡不好。如今高考在即，失眠更是如影随形，让她苦不堪言。

自评测试

睡眠问题经常会困扰很多人，不过到底是轻微的睡眠状况波动，还是已经需要干预的睡眠障碍呢？想要评估你的睡眠情况，一起来做一下下面的小测试吧！

同时满足以下 1 ~ 8 项则可以判断为失眠障碍。

1. 对睡眠时间或质量很不满意，出现下列 1 个或更多的症状。

√ 入睡困难，翻来覆去睡不着。

√ 睡眠维持困难，表现为睡眠的过程中频繁地醒来或醒后再入睡困难。

√ 早醒，且不能再入睡。

2. 睡眠问题引起明显的痛苦，或导致社交、职业、学业、行为或其他重要功能的损害。

3. 每周至少出现 3 晚睡眠困难。

4. 至少 3 个月存在睡眠困难。

5. 尽管有充足的睡眠机会，仍存在睡眠困难。

6. 失眠不能用另一种睡眠问题来解释，如发作性睡病[①]、与呼吸相关的睡眠障碍等。

7. 失眠不是由某种物质引起的生理反应，如毒品、酒精、药物。

8. 失眠不是由其他的精神障碍引起的。

温馨提示

如果你符合上述情况，那么你可能存在失眠的问题，但是自我评估也会存在偏差，所以最终还是要由精神科医生进行诊断。如果你仅仅符合其中的一部分，对于生活、工作和社交的影响不大，那么可以结合下面的建议进行一些积极的自我调整。

---

① 发作性睡病是一种原因不明的慢性睡眠障碍，主要表现为白天有不可抗拒的短暂睡眠发作，以及夜间失眠等。

给绵羊小姐的建议

1. 培养习惯

睡眠习惯包括很多方面，首先就是做好睡前准备，把屋内的光线调暗，尽量少看手机或者电脑屏幕，准备好明天需要用的物品等；睡中尽量处于安静的环境，温度适宜，醒来后先沐浴阳光，上厕所后准备洗漱、吃早餐。

良好的习惯对于保持好的睡眠很有帮助。最重要的一点，就是改变睡眠认知，人需要按照周期来睡觉。一个完整的睡眠周期大概需要 1.5 小时，我们的睡眠时间要是 1.5 小时的整数倍，固定一个起床时间，向前推 5 个睡眠周期，我们就知道该几点入睡了。

大多数人一周大概需要 35 个睡眠周期，前一天睡得少，第二天补上几个周期也是可以的，所以某天睡得少，不需要太过焦虑，身体的节律要求我们整体上保持稳定就可以了。打破错误的睡眠 8 小时定律，可以帮助很多人缓解睡眠焦虑，拥有更愉悦的睡眠体验。

2. 放松疗法

影响睡眠的另一个很重要的因素，就是心理因素。受到焦虑和抑郁或者其他负面情绪的影响，睡眠会出现很多问题，如入睡困难，早醒，睡眠难以维持或者睡眠质量差等。放松疗法（如正念疗法、冥想、禅修等）可以帮助我们调节身心平衡，让亢奋的神经安静下来。如果你不能学会放松，也就无法拥有良好的睡眠。

3. 心理咨询

调整睡眠的另一个手段就是心理咨询。有些自己难以解决或处理的问题和情绪，可以找一个你信任的咨询师，向他倾诉。他会帮你调整关于睡眠的不合理认知，帮你整理那些你整理不好的思绪和情绪体验，或者陪你探索睡眠问题背后的真正原因。

4. 药物治疗

如果你的睡眠问题比较严重，无法通过上述方法解决，那么可以遵医嘱借助一些药物来调整。短期应用药物可以帮助你快速地调整睡眠，但是长期使用可能会造成耐药、药物依赖等问题。

经过评估，绵羊小姐目前不但存在失眠障碍，同时伴有情绪问题。在萤火虫医生和精神科医生共同的协助下，帮她制定了用药和心理咨询的方案。在规律的治疗后，相信绵羊小姐的黑眼圈一定可以消失，并且不再受焦虑问题的困扰。

痛苦了这么久，终于有了解决的方法。走出门诊的时候，绵羊小姐有一种如释重负的感觉，她终于有勇气去面对高三最后的冲刺了。

马上要下班了，萤火虫医生办公桌上的电话忽然响起，是院长打来的，他说有一个多年的老朋友，想预约萤火虫医生明天的门诊，说有个问题已经困扰他的朋友很久了，让萤火虫医生一定帮忙想想办法。松鼠先生也很好奇，院长的朋友会被什么问题困扰这么久呢？

1
哐——
2
胡吃海喝——
3
日渐发胖的身体——
4
打雷了？

很多人都会睡觉打鼾，难道打呼噜也是病？

阻塞性睡眠呼吸暂停低通气综合征

引言：阻塞性睡眠呼吸暂停低通气综合征是指呼吸短暂的停止，低通气是指呼吸减少，整夜可能发生数百次。有此类问题的人群可能会出现睡眠紊乱、日间困倦、打鼾、头痛等。有的读者可能想问，这似乎是一个呼吸科的问题，为什么会出现在这里呢？其实医学上很多疾病都存在学科交叉，同时它也属于精神疾病中睡眠障碍中的一类。这个问题出现频率比较高，而且不容易引起大众的注意，所以把它放在这里，希望引起更多读者的重视。

距离开诊的时间还有一会儿，松鼠先生给萤火虫医生倒了一杯温水，萤火虫医生微笑着说了 声“谢谢”。

“不要客气嘛，你是老师，这都是应该的。”松鼠先生答道。

“哈哈，你很聪明，不用我教，你也会成长得很快。”萤火虫医生投来赞许的目光。

这话没错，松鼠先生确实是一个很聪明的人，悟性高、善于思考，而且逻辑性和同理心都很强，原来做工程师的时候也是进步飞快，没几年就已经是经验丰富的老手了。可能因为心理学和艺术设计本身也有相通的地方吧，松鼠先生对于心理学也有着天生的悟性，但是即便有天赋，跟着经验丰富的老师学习和实践也是非常重要的，这一点松鼠先生非常清楚。

正在他们相谈甚欢之际，走廊里传来“咚咚”的声音，房间好像都在颤动，门“哐”的一声被打开了。松鼠先生本能地护住萤火虫医生，挡在她前面，毕竟精神病医院遇到什么事都是有可能的。进来的正是野猪先生，他的身材怎么说呢，只能用“硕大”来形容，野猪先生进来后房间就显得格外狭小了。

“您是萤火虫医生吧？”让人意外的是，传来的是一个低沉又温文尔雅的声音。

“是的。”萤火虫医生稍微诧异了一下，恢复了平日的温和平静。

“我是你们院长多年的好朋友了，今天过来想要咨询一点我的个人问题。对您的大名早有耳闻，请您一定帮帮我。”野猪先生言语间充满了谦逊。

“您有什么困扰呢？”萤火虫医生问道。

“哎！”野猪先生长长地叹了一口气，接着说：“最近我的情绪非常不好，可以用糟糕来形容，身体状态也很差。我有心脏病、高血压，血脂也异常，经常头晕头痛，睡眠质量也不好。”

“感受到你非常担忧自己的身体状况，情绪不好是有什么原因吗？”

“有的，我太太觉得我太胖了，也担心我的健康，而且还有一个困扰了我们夫妻很多年的问题。”野猪先生皱起了眉头。

“什么问题呢？”

“我太太睡觉特别轻，有一点声音就会被吵醒。而我由于近几年应酬多，身材变得越来越胖，睡觉就开始打鼾，这就苦了我的太太，她总是被我吵得睡不着。因为这个，我们已经分房睡很久了。也会因为这个问题而吵架，很影响我们的关系。毕竟夫妻哪有天天睡在两个房间的啊！而且我自己的睡眠状态也很差，感觉怎么也睡不够。哎！真的是太让人痛苦了！”野猪先生的五官都皱到了一起。

“打鼾的问题不但影响了你的身体健康，而且影响到了夫妻感情，这让你感觉很困扰，是这样吗？”萤火虫医生回应道。

“是的，就是这样的。”野猪先生觉得萤火虫医生概括得很到位，一句话就说清了他的烦恼。

经过一番对病情的了解和检查，野猪先生最后被诊断为“阻塞性睡眠呼吸暂停低通气综合征”。他没想到打呼噜也是一种病，但是弄清楚了具体问题，治疗才有了门路，最害怕的就是被无名的困扰笼罩。野猪先生觉得不虚此行，再三向萤火虫医生道谢。

自评测试

虽然这个诊断不常见，但是患病人群真的不少，有类似困扰的小伙伴一起测试一下吧！

满足下面两项中的一项即可判断为此问题。

1. 由多导睡眠图[①]提示每小时睡眠至少有 5 次阻塞性呼吸暂停或低通气的证据，同时伴随下列两个症状之一：

(1) 打鼾、喘息或在睡眠时呼吸暂时停止；

(2) 日间困倦疲劳，或即使睡眠时间充足，但醒后状态依然不好。

2. 由多导睡眠图提供每小时睡眠有 15 次或更多的呼吸暂停的证据，无论是否有伴随症状。

温馨提示

如果你符合上述情况，那么你可能存在阻塞性睡眠呼吸暂停低通气综合征，但是自我评估也会存在偏差，所以最终还是要由专业医生进行诊断。如果你仅仅符合其中的一部分，那么可以结合下面的建议进行一些积极的自我调整。

① 多导睡眠图又称睡眠脑电图，主要用于睡眠和梦境研究以及抑郁症和睡眠呼吸暂停低通气综合征的诊断。

给野猪先生的建议

1. 提升认知

很多人都知道打呼噜是一个似乎无法改掉的坏习惯，但很少有人会认为这是一种需要治疗的疾病；而长期的呼吸道阻塞不但影响家人休息，也会给自己的身体带来很多健康隐患，如可能会引起睡眠紊乱、低氧状态以及高血压等。所以我们首先要重视这个问题，并且积极地去解决它。

2. 减轻体重

很多睡眠暂停的人都存在肥胖的问题。肥胖可能加重咽腔的狭窄，从而加重呼吸道的阻塞，所以减轻体重可以有效缓解打呼噜的症状。

3. 调整睡姿

在睡觉的时候尽量保持侧卧位。这个体位相比仰卧位更有利于保持喉咙的开放，减少舌体后缀对于呼吸道的阻塞。

4. 使用呼吸机

对于重度的睡眠暂停患者，可以使用呼吸机来辅助通气，让空气温和地吹入咽喉，在睡眠状态依然保持良好的通气。

5. 手术治疗

如果上面的方法都不能很好地解决问题，还可以通过手术来治疗，目的也是开放气道，使呼吸保持通畅。

✦

一天的门诊工作又结束了，松鼠先生从来不知道上班的时间也会过得如此之快。即使只是萤火虫医生的“助理”，但是这份工作不但让他感受到了人世间的温情和悲苦，也让他感受到了存在的价值和意义。

1
我就喜欢做女孩——
2
魔镜魔镜～
3
为什么不可以做自己——
4
让孩子成为自己——

是老天给了错误的身体还是我投错了胎？

性别烦躁

引言：在人群中，有一些个体会在心里强烈地把自己认同为另一种性别。由于自己的生理性别与他们的心理性别是不同的，他们经常因为这种内外不合而感到困扰和痛苦。

今天的门诊不知道为什么显得格外热闹，不但来看病的人很多，而且声音特别嘈杂。在这些嘈杂的声音中，似乎夹杂着一个女人的哭声，很快 4 号患者就被叫到了萤火虫医生的诊室。

正在哭泣的蚯蚓妈妈带着儿子一同走了进来，松鼠先生引导蚯蚓妈妈坐在椅子上。

“不，不是我看，医生，是我儿子看病，你们快帮帮我，好好给他治一治。”蚯蚓妈妈一边说一边泣不成声。

“那您坐在这里吧。”松鼠先生示意小蚯蚓，蚯蚓妈妈坐在了

旁边。

“您有什么问题呢？”萤火虫医生问。

“我的宝贝儿子非说自己要做女孩子，你们说可怎么办啊？我们家三代单传，好不容易有个男孩，可是他非要作践自己。”蚯蚓妈妈的哭声又传开了。

“不要着急，可以慢慢讲，我会很耐心地听你讲完。”萤火虫医生安慰道。

“这孩子从小就和别的男孩子不一样，从来不和其他男孩子一起打篮球、踢足球，都是和女孩子一起玩娃娃、跳皮筋，还会偷着穿我的高跟鞋和裙子，被我和他爸发现了好几次，他爸爸气得狠狠地打过他几回，可是他一点都没有好转，反而恨起了爸爸，也不和他爸说话，行为上变得更怪异了，我们都要愁死了。他爸常年在外地出差，不怎么回家，现在一回来都是说他的事，全家人都很烦恼，都觉得他一定是得了什么怪病，所以我带他来看看。”蚯蚓妈妈说话之际，萤火虫医生观察了一下小蚯蚓的表情，只见两行泪水无声无息地从他的脸上滑落，安静得好像没有发生任何事一样。

“小蚯蚓，你的困扰是什么呢？可以讲讲吗？”萤火虫医生要让真正的主角登场。

“我没什么困扰，只是生错了身体，也生错了家庭吧。”小蚯蚓说着闭上了眼睛，任凭眼泪无声无息地流淌着。

“我感受到你似乎很绝望，是什么原因呢？”萤火虫医生回应道。

“我不能做想做的事，穿想穿的衣服，会无缘无故地挨打，在外面受尽白眼不说，回家了也会被当成异类。我想过做手术，让一切都重新开始，但不会有人支持我。我只能继续这样悲哀地活着，唯一的希望就是等自己长大，等我有能力了，自然就可以选择自己要走的路、要做的事，也包括做变性手术。”小蚯蚓的声音里有一种穿过痛苦的坚定。

“医生，你们听听，他说的是什么大逆不道的话？我们家这是要绝后啊，他是想让他爸绝后啊，太不孝了！医生，不行你就把他关起来吧，不要让他做傻事！”蚯蚓妈妈由于太激动，哭得泣不成声。松鼠先生走过去递了张纸巾，轻轻地拍了拍她的肩膀，蚯蚓妈妈这才逐渐冷静下来。

小蚯蚓从小最羡慕的就是那些可以随意穿漂亮裙子的女孩子，他觉得自己其实也是个女孩，是老天爷不小心搞错了。虽然父母百般阻拦，他还经常为此挨打，自己也非常困扰和痛苦，可是他知道自己终究有一天要像女孩子一样生活，那才是他本来的样子，谁也阻拦不了他要成为真正的自己。

小蚯蚓最后被医生诊断为性别烦躁。经过一番解释，小蚯蚓和妈妈都对这个问题有了更深的理解。这不是单纯的“性格独特”和“孝不孝顺”能够解释清楚的问题。蚯蚓妈妈理解了孩子不是故意作践自己、不听话、让大人烦心，而是有他的苦衷。小蚯蚓也明白了自己和其他男孩子不同，并不代表自己是个“怪胎”，仅仅只是不同而已，就像树上的每一片叶子都是不同的。

每一个人生下来都有一个生理性别：男性或女性，也叫第一性别。随着个体逐渐长大，每一个人还会体验到另一种性别，也被称为第二性别。大多数人的这两种性别都是相同的，所以不会因为性别而感到苦恼。而有一小部分人，两种性别是不同的，虽然生为男性，但是却觉得自己应该是一个女人，应该像女人一样生活；还有一部分女性觉得自己其实应该是一名男性。

这部分独特的人常常被当成“异类”。他们不但要承受身心不合的痛苦，更要承受家人的不理解和他人异样的眼光。而这种辛苦的生活往往要持续很久，直到他们逐渐适应了这种别扭的生活，找到了适合自己生存的“土壤”，或真的用一些手段改变扭曲的现状。

自评测试

如果有相同困扰的伙伴，不妨动手测一测，没准你能更深入地了解自己，找到属于自己的答案。

性别烦躁按照年龄可以分为儿童性别烦躁和成年性别烦躁两种类型。我们以儿童性别烦躁为例，同时符合下列 1 ~ 2 两项的可判断为性别烦躁。

1. 个体体验到自己的性别与生理性别之间明显不一致，持续至少 6 个月，至少存在下列 6 种表现。

√ 有强烈的欲望成为另一种性别或坚持自己就是另一种性别。

√ 男孩强烈想要模仿女性装扮；女孩只想穿男装，强烈抵抗穿女装。

√ 在游戏或幻想中强烈地想要扮演与自己性别相反的角色。

√ 强烈喜好另一种性别使用或参与的玩具、游戏或活动。

√ 强烈喜欢和另一种性别的人成为玩伴。

√ 男孩强烈地排斥典型的男性化玩具、游戏和活动，以及强烈地回避打斗游戏；女孩强烈地排斥典型的女性化玩具、游戏和活动。

√ 对自己的性生理特征强烈厌恶。

√ 希望自己的性特征和自己体验的性别相匹配的强烈欲望。

2. 此疾病造成强烈的痛苦或社交、学习或其他重要功能方面的损害。

温馨提示

如果你符合上述情况，那么你可能存在性别烦躁，但是自我评估也会存在偏差，所以最终还是要由专业的精神科医生进行诊断。如果你仅仅符合其中的一部分，那么可以结合下面的建议进行一些积极的自我调整。

给小蚯蚓的建议

1. 自我接纳

性别烦躁的个体多数都存在对自己性别的不接纳，这背后存在非常复杂的成因，包括基因遗传、先天的气质以及后天环境的共同影响，这些因素哪一个都不是一句自我接纳可以解决的。这里所提倡的自我接纳更多的是换一种客观理性的角度看待我们的性别。我们无论是哪一种性别，其实都有好有坏，即使我们改变了性别，依然改变不了喜忧参半的现状。很多做了变性手术的人依然对自己的身体和性别不满意。

理性地想想，我们每个人都何止仅仅对性别不满意，家庭出生、民族、长相和先天气质都不是我们能够去选择的，这就需要我们去适应。在这种无奈和有限性中学会翩翩起舞，才是生命本来的样子。当然，接受和改变是每一个成年人的自由，这种自由是无可厚非的，也是值得尊重的。

2. 心理治疗

由于这种对性别的不满而产生的负面情绪，如果无法处理并且已经对生活造成了一些影响，那么心理治疗是个不错的选择。性别烦躁的问题更多与家庭相关，更有效的方法是让整个家庭参与治疗。家庭治疗可以有效降低焦虑障碍和抑郁障碍的发生风险。

3. 手术治疗

对于改变性别愿望非常强烈的个体，也可以选择通过变性手术来纠正。不过手术程序和过程比较烦琐，而且也要承受很高的手术风险。所以大多数人可能会选择慢慢适应令自己不满意的性别和生活现状，尽量愉快地生活。

✦

经过和萤火虫医生的谈话，小蚯蚓的心结逐渐打开，又和萤火虫医生预约了之后的心理治疗时间。在医院的走廊里，小蚯蚓和妈妈抱头痛哭。看似悲痛的一幕，却是小蚯蚓记忆里，他们母子的心距离最近的一次。这一刻让小蚯蚓终生难忘。

今天的案例同样让松鼠先生难忘。松鼠先生最深刻的体会是，在来的时候，母亲对孩子是指责、不理解和愤恨；儿子对母亲更是陷入深深的怨恨和绝望，而这一切的背后还是可以看见爱的影子。但是当我们的爱掺杂了控制成分的时候，当我们对爱求而不得的时候，当我们想爱却不懂得如何去爱的时候，爱也许就会变成伤害。爱和伤害本来也像一把“双刃剑”，最深的羁绊也可以带来最深的痛苦。

1
每个月的那几天——
2
失眠——
Z
Z
3
易怒——
4
生人勿近

我不是真的脾气差，只是这几天控制不住烦躁

经前期烦躁障碍

引言：有经前期烦躁障碍这类问题的女性会在月经前一周左右就开始出现抑郁、紧张易怒等表现。月经开始几天后，症状就会慢慢减轻。随着月经结束，症状就会逐渐消失。

无论前一天发生了什么，第二天太阳都会照常升起，它提醒着你，新的一天又开始了。

今天门诊似乎不是很忙，来的人比较少，可能是周五了，医院迎来了难得的清静，当然住院部还是一样的“热闹”。松鼠先生正和萤火虫医生聊着住院病人的事，忽然他们听到了叫号的声音。

走进来的是眉头紧锁的羊女士。她先用警觉的眼神看了看萤火虫医生，然后便死死地盯着松鼠先生看了一会儿。

“您好，这位是我的助理松鼠先生。不知道你有什么困扰呢？”

萤火虫医生温和地问。

“哦，是这样。”羊女士这才收回自己的眼神，接着说道：“医生，我有一个问题，让我很苦恼。”

“是什么问题呢？可以具体说说吗？”

“每次来月经之前的一周到两周，我的脾气都会特别的暴躁，很容易发脾气，经常对老公和孩子发火，有时候我也很内疚，但是完全控制不住自己，然后对什么都提不起兴趣，也不愿意社交。”羊女士的眉头皱得更紧了。

“还有别的症状吗？”萤火虫医生问。

“还有就是感觉很焦虑，爱胡思乱想，晚上翻来覆去地睡不着。哎，那一段时间太难熬了，月经来后几天才会慢慢好一点。因为这种事每个月都有一次，每次要持续一周到十天，家里人都说快受不了我了。其实医生，说实话，我自己也受不了自己，可我就是无法控制我自己，这种感觉太难受了。”

“感受到你因为月经前的情绪和表现而产生的无奈和绝望，希望我们可以帮到你，这是一种完全可以调整的状态。”萤火虫医生安慰道。

“是吗？”羊女士的眼睛一下子变得有神了。

“当然。”萤火虫医生笃定地说。

羊女士被诊断为“经前期烦躁障碍”。这种疾病的发病率并不低，但是却很少有人知道这也是一种病，大多数情况下都被定义为“这个女人真能作”“你怎么这么矫情”“这点小事你至于发火吗？又到那几天了是吧？”却很少有人真正了解当事人所经历的痛苦挣扎和无可奈何，这些远远不是一句“多喝热水”就能解决的。对这种疾病多些了解，才能理解这些女性，帮助她们度过特殊时期，或者寻找专业的医生获得帮助。

自评测试

如果有相似困扰的朋友，或者你想更了解身边的人，一起来测试一下吧！

若同时满足以下的 1 ~ 4 点，则可以判断为存在经前期烦躁障碍。

1. 存在下列 5 个或更多症状。

√ 明显的情绪不稳定，如情绪波动、突然感到悲伤或流泪、对拒绝的敏感性增强。

羊女士在月经前情绪会非常不稳定。她会感到悲伤压抑，有时候也会默默地流眼泪。

√ 明显的易激惹易怒或人际间的冲突增多。

这几天无论对于羊女士还是她的家人们都十分难熬。一点不顺心都可能让羊女士大发雷霆，引起一场家庭战争。

√ 明显的抑郁心境、无望感或自我贬低。

√ 明显的焦虑、紧张、烦躁、恐惧。

√ 对日常活动的兴趣下降，例如，工作、上学、朋友、爱好等。

√ 主观感觉注意力难以集中。

√ 昏睡、易疲劳或精力明显不足。

√ 明显的食欲改变，进食过多或对特定食物有渴求。

√ 出现嗜睡或失眠。

√ 感到被压垮或失去控制。

√ 躯体症状，例如乳房疼痛和肿胀，关节或肌肉疼痛，感觉“肿胀”或体重增加。

2. 在大多数的月经周期中，上述症状在月经前 1 周出现，并在月经开始后有所改善，在月经 1 周后症状逐渐消失。

3. 这些症状引起明显的痛苦，或干扰了工作、学习、社交活动或与他人的关系。例如，回避社交活动、工作或学习效率下降。

4. 这种障碍不是由其他精神障碍导致的。

温馨提示

如果你符合上述情况，那么你可能存在经前期烦躁障碍，但是自我评估也会存在偏差，所以最终还是要由专业的精神科医生进行诊断。如果你仅仅符合其中的一部分，那么可以结合下面的建议进行一些积极的自我调整。

给羊女士的建议

1. 识别情绪

识别情绪是经常出现的一个心理学用词。因为处理和调节我们的情绪时第一步就是要明确我们处在何种情绪里，这看似是很容易的事，其实我们大多数人却往往做不到。我们经常沦陷在情绪里不能自拔，做出很多疯狂的事情，却完全不知道自己在做什么，经前期烦躁的人更是如此，她们经常被焦虑抑郁、暴躁易怒裹挟着。如果你有这样的困扰，首先要学会识别自己的情绪，而作为身边的家人，更要了解这可能是一种病症的表现，而不一定是对方在“发疯”或者你们之间的关系出现了什么严重的问题。这样的想法可以帮助你冷静下来，而不是卷入对方的情绪中。

2. 药物治疗

对于症状严重的人，药物治疗也可以帮助缓解。专业的医生会结合你的情况给予适当的用药方案。

3. 心理治疗

应对经前期烦躁障碍的问题，我们可能不单要加深对这种疾病的理解，学会如何调整焦虑和抑郁等负面情绪，更要去理解自己，学会爱护自己。通常这些问题心理治疗都会提供很大的帮助。

4. 丰富社交

人是一种社会型动物，你的生活如果很单一，不再充满新鲜感和乐趣，每天重复着单调乏味的事情，那么负面情绪一定会随之而来。你可以适当丰富自己的社会关系，寻找志同道合的朋友，做一些能让自己开心的事情。这本身也是一种对自己的疗愈。

✦

经过今天的心理咨询，羊女士更了解了自己的状态，不会再陷入无限的自我否定、失控的恶性循环中了。她准备今天回去就和丈夫、孩子说明这一切。对这个问题给他们带来的困扰感到抱歉，另外也邀请他们一起陪伴她度过这些特殊时刻。她自己也会积极地配合心理治疗，希望可以早日收获一个平和的状态和一个更好的自己。

✦

“原来这也是一种病啊。”松鼠先生小声嘀咕着。

“是啊，不从事这行确实很难了解到这些。”萤火虫医生回应道。

“哎，想起之前的女朋友，每次我还很不理解她那几天为什么那么容易发脾气。我们经常会因为这件事吵架。想起来我还蛮愧疚的，不知道她那个时候那么不容易。”松鼠先生自责地说。

“我们诊断疾病的目的不是给患者贴标签，而是让他们学会释然。让他们自己知道，也让他们身边的人知道，出现了一些异常的行为和表现并不完全是他们的错，更多的是一些不得已和无奈，需要身边的人、医生和自己的不断努力，才能从一些特殊状态里走出来，重新回归到生活的轨道上来。所以，你也不要太自责了。”萤火虫医生安慰和解释道。

“嗯，是啊，那时确实不知道，完全不能理解，而且正是年轻气盛的时候。”

“你现在在做的就是不断地了解他人和理解他人的工作啊！这是个不错的开始呢！”萤火虫医生鼓励着松鼠先生。

“嘿嘿，萤火虫医生也有过那样的时候啊，能不能透露一点呀？”松鼠先生的八卦之心一下子被勾起来了，其实他也想趁此机会了解一下神秘的萤火虫医生。

“哈哈，我要回去了，明天见！”说着萤火虫医生便走出了诊室。

松鼠先生的好奇心没有得到满足，他想，还是回家先喂饱自己吧，再期待一下，明天又会听到怎样的故事。

1
孔雀先生迷惑言论篇
2
你得这样这样拖，OK？
3
你得那样那样洗——
4
你有我这么优秀的老公，
真该好好谢谢我——

难道我不是这世界上最有魅力的人吗？

自恋型人格障碍

引言：有自恋型人格障碍的人倾向于认为自己比他人更重要、更优秀，别人都应该崇拜自己。他们很少考虑他人的需要，也很少肯定他人的价值。

今天医院的门诊部又是热闹的一天。熙熙攘攘的人群，拥挤在大厅，人们从四面八方赶来，寻找着自己和生命的答案。

第一个走进诊室的是孔雀先生和孔雀夫人。

“请问二位是哪位需要咨询？”萤火虫医生问道。

“医生你好，是我来咨询。可是我压根不知道为什么来，我觉得自己一点问题也没有。我很快乐，毫不谦虚地说我也很成功，可是我妻子非要让我来咨询。你快告诉她我没病，我比你们都健康。我想只有你说她才会相信！”孔雀先生一副烦躁又不屑的表情。

“有问题的永远是别人，你永远没有问题，这就是你最大的问题！”孔雀夫人隐忍又坚定地说，说完便闭上眼睛低下了头，似乎在压抑某种积压已久的强烈情感。

孔雀先生听了妻子的话，诧异地看向她：“你怎么能这么说？我确实没有什么问题啊！你当着医生的面能不能说句公道话？别忘了你是我的妻子，就是要听话，做好成功男人背后的乖女人！”

“你没有问题？那今天我们就好好说说。如果是你的问题我可以陪你解决，如果你没问题，是我的问题，那我们就结束这段婚姻，不要让我的问题继续影响你光鲜亮丽的生活了，没有人愿意一辈子活在谁的身后！”孔雀夫人的话音里带着一丝绝望。

“听起来你承受了很多的委屈和愤怒。如果你愿意，可以试着分享一下吗？”萤火虫医生试图把双方的情感对峙转化到具体的事件上来。

“结婚二十几年了，他从来没有进过厨房，家务活也从来不做，孩子也基本是我一个人带大的。我自己也有工作，虽然他曾多次要求我辞掉工作，做全职太太，可是我

没有，我知道没有这份工作我将完全变成他的影子。每天我把饭菜放到桌子上的时候，还要给他准备当天的报纸，出门时要给他准备熨好的衣服，每次鞋油打得不够亮也要被他指责一番，说我做事不认真，说细节决定人生成败。平时他说话也经常讽刺、打压我和孩子，如果孩子在某件事上做得不合他的心意，就要被他训斥几个小时。孩子的性格也变得胆小内向，不愿意与人沟通。我也被焦虑和抑郁困扰，经常会失眠。我也想过结束这可悲的生命，可是孩子还小，我真的想象不出来让女儿独自一人和他相处，那结果会有多糟糕。我知道他是在外面做领导做习惯了，可是在家里我们想要的是一个丈夫和一个父亲，我们不需要一个领导。”孔雀夫人一口气说完，擦干了眼泪，低下头不再说话。

这一次，孔雀先生少有地没有立马反驳，而是停顿了一下，接着说：“你说过无论如何会一直爱我如初的，可是现在的你却是满腹的抱怨，我真的不知道你怎么了。和我这样的成功人士在一起肯定会与其他人在一起有区别，你怎么就不能明白

呢？还要我说多少次？”孔雀先生显然完全无法体会妻子的感受和难处，只是一味地沉浸在与众不同和高高在上的幻象中。

最终经过细致的访谈和交流，孔雀先生被诊断为“自恋型人格障碍”。经过一番痛苦的挣扎，为了保护家庭的完整，最后孔雀先生决定每周坚持过来做心理治疗。

觉察是改变的开始。每个走进诊室的人，几乎都到了人生关键的岔路口。他们遇到的冲突和问题让他们找到改变的勇气。我们总是习惯把自己逼到悬崖边上，然后才决定要为自己的生命做一些什么，这是很可悲的，但是亡羊补牢终究也算是一件好事。

自恋型人格的人往往很难认清自己身上存在的问题，他们会用自己的逻辑让一切行为合理化，然后再高高在上地指责他人不能理解自己，跟不上自己的节奏。他们常常过分夸大自我的价值和成就，觉得他人理应“俯首称臣”。这类人常给身边的人带来极大的痛苦而不自知，其实他们大多有过很多特别的经历，才让他们无法拥有一种健康的“自恋”。简单来说，这类人既可以接受自己的好，也可以接受自己的不好；既可以看到自己的强大，也可以接受自己的弱小。但他们会想尽一切办法不让自己的自恋跌入谷底，所以身边的人常常成为他们维持高自恋体验的垫脚石。长此以往，身边人会难受会痛苦也就不奇怪了。

自评测试

你或者身边的人有类似的问题吗？一起用下面的小测试测测看吧！

自恋型人格障碍的特征是非常需要他人赞扬，缺乏共情能力，表现为自大自负的一种模式，存在下列5项或更多症状。

1. 夸大自我的重要性。例如，夸大自己的成就和才能，没有相应成就却盼望被认为是优胜者。

2. 经常幻想自己可以拥有无限的成功、权力、才华、美貌或理想爱情。

3. 认为自己是“特殊”的和独特的，只能与其他特殊的或地位高的人交往。

4. 要求过度的赞美。

5. 有一种权利感。例如，期待他人自动顺从他的期望，或自己被特殊优待。

6. 在人际关系上剥削他人，即为了达到自己的目的而利用他人。

7. 缺乏共情，忽视他人的感受和需求。

8. 常常妒忌他人或认为他人妒忌自己。

9. 表现为傲慢的行为或态度。

温馨提示

如果你符合上述情况，那么你可能存在自恋型人格障碍，但是自我评估也会存在偏差，所以最终还是要由专业的精神科医生进行诊断。如果你仅仅符合其中的一部分，那么可以结合下面的建议进行一些积极的自我调整。

给孔雀先生的建议

1. 正确认识自我

网上有很多抨击自恋型人格障碍的信息，说他们骄傲自负、经常 PUA 他人，很难顾及他人的感受。不得不说，这些现象可能确实存在，但是这里要提出一些不同观点，那就是自恋型人格障碍的人并不是有意而为之。他们自我膨胀、强势张扬的表面，无非是在掩饰一个自卑脆弱的内心。他们曾经在低自尊的时候有过非常难受的体验，所以终其一生都在极力回避那种体验，只能用傲慢无理不停地武装自己。

但每个人必然都有强项和弱项、优点和缺点。我们都会有耀眼的高光时刻，也会有让人嘲笑鄙视的低谷时期。想要不凡，先要接受平凡，慢慢学会去看到和触碰那个弱小的、无助的自己，尝试着给自己一个大大的拥抱，当我们与自己和解的时候，也就与这个世界和解了。

2. 自我保护

这一条其实是讲给自恋型人格障碍身边的人的。和自恋型人格障碍的人相处的时候你可能会觉得有点心累，自己好像很不好，怎么做也达不到他们的要求或者预期。如果你的自尊不是足够的稳定，那么很可能慢慢地陷入一种低自尊的体验，也就是觉得我不够好、我没什么价值，俗称被 PUA（其实这并不是 PUA 的本义，原意是指“搭讪艺术家”，流行用法是指操纵、控制他人）。如果你和一个人长期相处后，逐渐发生了这些改变，那么你要保持清醒。有可能你的改变一部分是对方的原因，而你并不像你想象的那样毫无价值，在认识对方的基础上，才能更好地保护自己。

3. 心理治疗

对于人格障碍比较有效的方法就是心理治疗。有一部分人随着年龄的增长症状也会有所缓解，只是时间相对比较漫长，即使是心理咨询也要经过长期规律的治疗周期，才能有所改善。在咨询中通过不断的回顾和反思，体验自己的真实感受，逐渐接纳正常的情绪体验和训练共情他人的能力，人格的改变迟早会实现。

4. 药物治疗

人格通常是指我们对于世界和生活的看法，也是与他人互动的一种模式，所以人格问题并不能通过药物来改善。如果合并了明显的焦虑和抑郁问题，药物可以辅助调整一些症状，不过最终还是要靠个人的成长和心理治疗来改善。

孔雀先生走出诊室的时候，明显感觉他似乎平和了一些，少了几分张扬。对于一些人来说，这也许是一个让人痛苦和沮丧的答案，但也是每一个平凡或不平凡之人的必经之路。

一天忙碌的工作之后，萤火虫医生邀请松鼠先生一起吃饭。这是师徒二人第一次共进晚餐。饭局刚开始，两人还有三分客套，但没一会儿话题就打开了。在聊天中松鼠先生得知，萤火虫医生也有着丰富的过去，也曾经历过一些无法面对的创伤。

萤火虫医生也是因为遇到了一位优秀的心理治疗师，在咨询中得到了疗愈和成长，最后才踏上了成为心理治疗师的道路。这其中遇到的艰难和坎坷，是松鼠先生未曾体会过的。这种勇气让松鼠先生很感动，也觉得十分亲切，因为自己的经历似乎和萤火虫老师很相似。她像是一盏指路明灯，照亮了松鼠先生前方的未知旅途。

怎么办？怎么办？
论文过不了怎么办？
朋友不喜欢怎么办？
以后工作不顺利怎么办？

明天的事总是困扰今天的我，每天都活得诚惶诚恐

广泛性焦虑障碍

引言：广泛性焦虑障碍的个体对于很多事情都感到严重的焦虑和担心。这种担心早已超过事件本身会带来的影响。持续的担心和焦虑会对个体的日常生活造成严重的影响。

今天早上的太阳出奇的明亮，松鼠先生也早早醒来，似乎还在回味昨天与萤火虫医生的愉快交谈。如何判断一个人生命状态的好坏，一个拥有成熟人格的人，身边的人会不自觉地向他靠拢，被他吸引，和他在一起的时候会让人觉得非常舒服，并且让你感受到一种生命深处散发出的智慧和力量，萤火虫医生便是这样一种人。松鼠先生很庆幸，自己每天能与这样的人相伴。

随着门诊的叫号声，今天的第一位患者蜜蜂小姐走进了诊室。

“您有什么困扰呢？”萤火虫医生一如既往地微笑着问道。

“我感觉自己特别焦虑，每天都惶惶不安，不是担心这个就是担心那个。”蜜蜂小姐的眼神中也透着焦虑。

“具体会担心些什么呢？”

“我现在在读研究生，每天都担心自己的学业，担心毕业论文会通不过，担心毕业了找不到合适的工作，还担心父母的身体会出现问题，家里只有我一个孩子，他们要是真的出了问题我该怎么办呢？在学校，我也会担心同学不喜欢我，都说学校的同学就是以后步入社会的人脉基础，可是我这么内向，没有几个朋友，以后要怎么发展呢？越想我就越焦虑。”蜜蜂小姐低着头，抠着自己的手指。

“你一直这样容易对未知的事情担心吗？”

“嗯，算是吧，我妈妈也是这样，我也算是受她的影响吧。从我

记事起妈妈就开始在我耳边不停地说着她在担忧的各种各样的事情：家里的钱快不够用了，爸爸最近在外面又惹事了，工作也不顺利，哪个城市又受灾了，也不知道我们这里会不会发生……所以我也不知从什么时候起，就变得和她一样了。”

“哦，是这样，从小妈妈就很焦虑，慢慢你也受到了她的影响，变得有些爱焦虑了。那为什么会选择今天过来咨询呢？”萤火虫医生问道。

“最近又有一个比较重要的考试，我感觉自己的焦虑已经到了顶点，有两周没有睡好觉了，我是真的睡不着，所以想来看看。我担心这样下去我的身体会受不了。”蜜蜂小姐的声音中夹杂着一种疲惫。

蜜蜂小姐最终被诊断为“广泛性焦虑障碍”。这种障碍的发病率并不低，通常五十个人中就可能有一个人会有此障碍，女性的发病率通常为男性的两倍。有此障碍的人通常会为生活中的方方面面担心，包括工作、家庭、健康等。每天惶惶不可终日的担忧，让他们无法幸福地活在当下，而是活在对未来的焦虑中。

自评测试

你或者你身边有相同困扰的小伙伴吗？一起来测一测吧！

广泛性焦虑障碍需同时满足以下五点。

1. 至少 6 个月的大多数日子里，对于诸多事件或活动，例如工作或学习，表现出过分的焦虑和担心。

蜜蜂小姐在过去的几年里经常为身边的事情感到担心，这让她很困扰，似乎又难以控制地这样做。

2. 难以控制这种担心。

3. 至少存在下列 6 种症状中的 3 项。

√ 经常感到坐立不安、激动或紧张。

√ 很容易疲倦。

√ 注意力难以集中或头脑一片空白。

√ 容易被激惹。

√ 经常感到肌肉紧张。

√ 存在睡眠障碍（难以入睡、难以保持睡眠，睡眠质量差）。

4. 这种焦虑、担心或躯体症状引起巨大的痛苦，导致社交、职业或其他重要功能损害。

蜜蜂小姐饱受焦虑的困扰，不但影响了平时的睡眠质量，对于学习和社交也造成了一些负面影响。

5. 这种障碍不是由某种物质，例如毒品、药物或其他躯体疾病，如甲状腺功能亢进，或其他精神障碍造成的。

温馨提示

如果你符合上述情况，那么你可能存在广泛性焦虑障碍，但是自我评估也会存在偏差，所以最终还是要由专业的精神科医生进行诊断。如果你仅仅符合其中的一部分，那么可以结合下面的建议进行一些积极的自我调整。

给蜜蜂小姐的建议

1. 药物治疗

对于焦虑症状明显，对生活影响比较大的人，药物治疗是个明智的选择，它可以调节人大脑中的神经递质，从而改善焦虑水平。身体和心理是相互影响的，人是无法摆脱身体独立存在的，任何一种疾病都是同时受心理和身体的共同影响。

2. 心理治疗

心理治疗广泛地应用于焦虑的治疗中，这里简单介绍几种心理治疗方法及背后的原理。

认知行为疗法：通常我们认为负面情绪是由事件和他人导致的。认知行为疗法的观点是，人的情绪是由内在的想法和认知导致的，所以面对相同的人或事，每个人的体验都是不同的，要想改变人的情绪体验和行为，并不是要改变外在环境，而是调整一个人的内在认知。

森田疗法：森田疗法的原则是顺其自然、为所当为，放弃自己对症状的主观认知，如焦虑是不对的、不应该焦虑等想法，而是选择顺应自然的状态，承认症状的存在，不去追溯症状是什么原因导致的，而是通过自己的行动去改变生活的状态，把生命的能量指向外界，而不再拘泥于自身的症状，用不断行动和成功的体验，去适应外在的环境，获得更好的生命体验。

放松疗法：又称松弛训练。它是按照一定的练习程序，有意识地调节自身的心理及生理活动，调整因紧张焦虑而紊乱的机体功能，恢复身心的平衡。

精神分析疗法：精神分析的理论认为人的心理包括了意识和潜意识。意识是可以被我们觉察的部分，而潜意识就像水面下的冰山，不被我们觉知，但是人的情绪、行为甚至命运大部分都会受到人的潜意识的影响。精神分析疗法就是不断地觉察我们的潜意识，使潜意识浮出水面，从而实现对一个人的改变和疗愈。

3. 自我调节

焦虑，又称为预期焦虑，担心未来将要发生一些糟糕的事情。到底会不会发生这些糟糕的事情呢？也许未必，大概率可能是不会发生的，但是这种过分的担心却会让人处于焦虑和痛苦之中。既然是对未来的焦虑，第一个调节的方式就是学会活在当下。我们在第一章介绍过正念疗法，关注呼吸，或者关注视、听、嗅、味、触等任何一种本体的感觉，都可以把你的注意力拉回到当下。

另外，我们可能对于未来存在过高的期待，如果总是担心达不到预期的标准，也会让人陷入焦虑中，所以“佛系”一点，允许自己偶尔躺平摆烂一下，也没什么大不了。一根橡皮筋如果一直处于过度拉伸的状态，只会逐渐失去弹性。人也是如此，长期的高标准、高要求，就容易因为过高的压力而逐渐失去生命的活力，焦虑和抑郁也将如影随形。

蜜蜂小姐和萤火虫医生预约了下周的咨询，当她走出诊室的时候，有一种如释重负的感觉。心理咨询有时候很复杂，因为它关乎复杂的人性；有时候又很简单，也因为它关乎人性。

我们越长大似乎越缺少了诉说的资格。我们担心自己变得不独立、不成熟、太矫情，所以即使出现了一些负面情绪我们也会自己消化处理。偶尔身边涌现出一些所谓的“智者”，也难免只是一番指责说教，问题还是自己的，什么明路也指不出来，还徒增了几分烦恼。久而久之，我们连对自己都懒得倾诉了。

而心理咨询师恰好是一个专业的倾听者，这是一个咨询师的基本功。很多人在被倾听和被共情中，就可以收获巨大的疗愈效果，就如同一粒种子播种在湿润又肥沃的土壤上，心理咨询并不是“可以治疗病人的手术刀”，而更像是一份送给生命的礼物，在你我需要的时刻，如期而至。

今天又是收获满满的一天，松鼠先生在心理门诊的每一天都会感受到既不同又很相似的感受，他喜欢这种感觉，陌生、挑战、收获、温情、神秘又最大程度地靠近另一个生命。每当他被这些感受填满的时候，他都会庆幸自己当初做了这样的决定，心理学的魅力也值得他用一生去追寻和体悟。而萤火虫医生，像是远方的灯塔，一直指引着他前行的路。

1
我要妈妈——
2
我要妈妈——
3
我要妈妈——
—不去上学嘛
4
我要妈妈——
—不去上班

我不想一个人去上学，不要和我分开

分离焦虑障碍

引言：分离焦虑障碍是指儿童与重要的抚养者，如父母，分离时而产生的焦虑、不安或不愉快的情绪反应。

萤火虫医生今天又是早早地来到了办公室，准备一天的工作。每天萤火虫医生都会工作到近 12 点，每周还要投入大量的精力备课、组织公益讲座，定期参加学习和督导等，不断地成长和精进。这一切都被松鼠先生看在眼里，他知道，这份“外表光鲜靓丽、动动嘴皮子”就可以赚钱的工作，并不像大众认知的那样容易。这背后的成本和心酸，也许只有从业者自己知道。如今，松鼠先生也走上了这一条少有人走的路，因为他相信，这条路上也有光明和喜乐。

一阵敲门声传来，今天的第一个诊号开始了。鸵鸟妈妈带着身材瘦小的小鸵鸟走了进来。

“请问是谁要咨询呢？”萤火虫医生面带微笑地问道。

“是我家小鸵鸟。情况你问我就可以，她比较怕生。”鸵鸟妈妈的手紧紧地牵着小鸵鸟，小鸵鸟蜷缩在妈妈身旁，眼神中透着闪躲。

“想要为小鸵鸟咨询什么呢？”萤火虫医生语气温和。

“小鸵鸟从小就比较胆小，分床也很晚，刚上幼儿园的时候，她总是不愿意离开家，天天哭闹，因为这个原因还晚上了半年学。现在读一年级了，每天上学分开的时候还是很难，一到校门口就死死地抓着我不松手，因此我上班经常迟到。她的学习也很受影响，比班上的同学落下一大截，平时也很少和小伙伴一起玩。这样下去久了，我担心她的性格有什么问题，所以赶紧带她来看看。”鸵鸟妈妈的眉头紧紧地皱在一起。

“小鸵鸟的爸爸呢？平时你们谁和孩子相处的时间比较久呢？”

“哎，她爸爸常年在外出差，从小到大基本都是我带的。小鸵鸟很少能见到爸爸，一年中见到的天数都是屈指可数的。小时候有一次她爸爸出去半年多没回家，再回来的时候，小鸵鸟已经不认识他了，这孩子也是够可怜的。”鸵鸟妈妈说着，眼角就渗出泪水来。

“小鸵鸟，你能告诉阿姨，为什么不想和妈妈分开自己去上学呢？”萤火虫医生向小鸵鸟投去询问的目光。

“我……害怕，不想和妈妈分开。”小鸵鸟怯生生地看了几眼萤火虫医生，又低下了头。

在小鸵鸟的世界里，爸爸的形象十分模糊。本来父亲在孩子的成长过程中是力量的担当，带孩子学会接触大自然，去奔跑和玩耍，获得阳光和力量，同时在孩子和母亲之间建立边界，也让孩子学会捍卫自己的边界，勇敢地迈向充满冒险和未知的世界。可是小鸵鸟的世界里只有一个缺位的爸爸和一个焦虑又宠溺的妈妈，这让小鸵鸟很难有勇气踏出探索的一步。

结合小鸵鸟的情况，她最终被诊断为“分离焦虑障碍”，这种障碍可以同时在儿童和成年人中出现。萤火虫医生为小鸵鸟安排了家庭治疗师，并且邀请小鸵鸟的爸爸一同参与咨询，相信这对于小鸵鸟来说将是一个非常重要的转折点。一家人将以另外一种新的形式重新团聚，没有什么能够替代父母带给孩子的力量。

自评测试

分离焦虑障碍不但在儿童中存在，很多成年人也会经历。你或者你身边的人有相似的困扰吗？一起来测一下吧！

分离焦虑障碍需同时满足以下 1 ～ 4 项。

1. 个体与依恋对象分别时，会产生过度的害怕或焦虑，至少存在以下表现中的三种。

√当经历与家庭或主要依恋对象离别时，会产生过度的痛苦。

√过度地担心会失去主要依恋对象，或担心他们可能受到疾病、灾难或死亡的伤害。

√过度地担心与主要依恋对象离别的不幸事件。例如，走失、被绑架、事故、生病。

√因害怕离别，不愿意出门，离开家，去上学，去工作，不愿意去其他地方。

√不愿意独处或过度害怕无法与主要依恋对象在一起。

√拒绝在家以外的地方睡觉或主要依恋对象不在身边时睡觉。

√反复做与离别有关的噩梦。

√当与主要依恋对象离别或将要离别时，反复地出现躯体性症状，例如头疼、胃疼、恶心、呕吐等。

2. 这种害怕、焦虑或回避是持续性的，儿童和青少年至少持续4周，成年人则至少持续6个月。

3. 这种障碍引起个体强烈的痛苦，或导致社交、学业、职业或其他重要功能方面的损害。

4. 这种障碍不能用其他精神疾病来解释。

温馨提示

如果你符合上述情况，那么你可能存在分离焦虑障碍，但是自我评估也会存在偏差，所以最终还是要由专业的精神科医生进行诊断。如果你仅仅符合其中的一部分，那么可以结合下面的建议进行一些积极的自我调整。

给小鸵鸟的建议

1. 温柔的分离

患有这种障碍的小朋友，大部分本身都爱焦虑，胆子较小，在分离的时候父母或照顾者要尽量做到温和而坚定，即使分离很困难，也是必须经历的过程，在这个过程中要尽量保持温和，关注孩子的情绪，去共情他的感受，让孩子在分离的过程中有一个过渡。简单粗暴的分离，可能会带给孩子一些创伤的印记，但是不学会分离，孩子也就无法真正的长大。所以面对和处理分离对于每个人的一生都是一个非常重要的课题。

2. 心理咨询

如果分离焦虑比较严重，可通过心理咨询的方式来改善，倾听和陪伴、认知行为治疗、家庭治疗……逐渐改变孩子内心的一些不合理的信念，调整家庭的沟通互动模式，可以帮助孩子更快地适应新的环境，逐渐学会与父母分离。

3. 学会放手

在生活中应该注意培养孩子的自理能力，如让孩子自己吃饭、穿衣、做家务，而不是事事都依赖父母。自理能力强的孩子可以更快地适应新的环境，同时，随着孩子逐渐长大，要给孩子更多的成长空间，让孩子的人际关系向外界延展，比如老师或者小伙伴，这样有助于激发孩子对外界环境的兴趣，帮助缓解分离焦虑的问题。表面看起来分离焦虑是孩子的问题，是孩子胆小、软弱，不够独立，其实在这背后更多的是父母不愿意分离和放手，没有给孩子足够的成长空间。

4. 药物治疗

对于分离焦虑症状特别明显的人，可以按照精神科医生的意见，应用一些抗焦虑的药物，帮助缓解和控制一些较严重的症状。

✦

今天小鸵鸟的案例让松鼠先生触动很深，也勾起了他很多相似的回忆。小时候他爸爸也经常不在家，很少有机会和爸爸一起玩耍，偶尔看见他也是喝得醉醺醺的，那个样子让年幼的松鼠先生很害怕。一直以来松鼠先生也是一个爱焦虑、喜欢胡思乱想的人，这也让他拥有了非常细腻周到的一面。每个人的成长经历都会带来积极和消极的影响，但那些缺失和伤害对曾经幼小的生命来说，却是十分真切的存在，而每一道成长的裂缝都执着地期待着一束光的降临。

“萤火虫医生还不下班吗？”松鼠先生关心地问道。

“是啊，还有好多案例报告没写呢！”萤火虫医生的脸上挂着几分疲惫。

“天天这么晚回去，家人也受得了你？”松鼠先生一半打趣一半关心地问道。

“别说家人，经常加班，我的宠物都不愿意理我了。”萤火虫医生无奈地摇摇头。

“你真是工作狂啊，也要注意休息哦！”

“没事，我可能就是操劳命，都习惯了。”萤火虫医生温柔地笑了笑。

站在医院门口，松鼠先生回头看了看萤火虫医生办公室闪烁的灯光，虽然不够明亮，却可以给予松鼠先生莫大的力量。

1
鼹鼠先生到底遭遇了什么——
2
幼时令人心惊的意外——
3
工作时遭遇恶徒——
4
挥不去的噩梦——

不能回首的过去，为什么让我经历这一切？

创伤后应激障碍

引言：创伤后应激障碍是个体由于受到重大的威胁性、灾难性的心理创伤，导致心理状态的失衡，引起长期持续的精神障碍。这些事件可以是生命遭到威胁、严重物理性伤害、身体或心灵上的胁迫等。

“萤火虫医生早啊！”

“你今天可比平时晚了啊！”萤火虫医生看了松鼠先生一眼。

“啊，今天起晚了。”松鼠先生像个犯了错的孩子，在老师面前我们好像永远没有长大。

“哈哈，没事的，对了，今天我们不在门诊，病房有个患者需要会诊，一起过去看看吧！”

“好的！”松鼠先生答道。听到要去病房，他心里还是有点好奇和小激动。

刚看见鼹鼠先生的时候没有感觉他有什么异常，并不像有些精神病患者那样手舞足蹈，只是觉得他看上去有点麻木和淡漠。当萤火虫医生和其他医生打开病房门，萤火虫医生走近了几步，鼹鼠先生立马表现出畏惧和警觉的样子，身子向后退，然后蜷缩在墙角。当询问他一些个人情况的时候，虽然他都可以回答，但是神情依然很警觉。对他进行一番观察之后，大家便走出了病房。

“他的大概情况是怎样的呢？”萤火虫医生询问他的管床医生袋鼠。

“鼹鼠先生的经历还挺丰富的，他之前是做外贸生意的，生意做得还挺大。有一次，他去国外交货，但是中了对方的圈套，被人用枪顶着头威胁他交出货物，并且一分货款也没有给，勉强捡回了一条命。人虽然回来了，但是精神却有点不正常了。家人说他经常神经兮兮的，躲在房间里不肯见人，和家人总是重复诉说自己被枪指头威胁的事，时常感觉恐惧害怕，经常失眠睡不着觉，过了四五个月，家人看他还是没有改善，便送到这里来了。”袋鼠医生说道。

“这种经历确实很特殊，属于重大的创伤事件了，目前对他的生活影响大吗？”萤火虫医生问。

“很大。他回来之后一直无法继续经营生意，工厂已经关了，并且也不出去与人社交，经常躲在房间里，睡眠情况也很差。”袋鼠医生答道。

“好的，了解了，一会儿一起结合诊断和治疗方案讨论一下。”

说着大家一起回到了办公室。

鼹鼠先生最终被诊断为“创伤后应激障碍”，在药物治疗的同时配合定期的心理治疗和催眠治疗。据鼹鼠先生的母亲说，在鼹鼠先生五岁的时候，曾经掉进河里，后来被哥哥救了回来，这也曾是鼹鼠先生挥之不去的噩梦。谁能想到成年后的鼹鼠先生，又经历了一次威胁性命的创伤事件。

自评测试

创伤后应激障碍可以是多种形式的，可以是短期的也可以是长期的；可以是威胁生命的或造成巨大创伤的事件，同样也可以是家长对于孩子的长期忽视。你或者你身边的人是否有类似的困扰呢？一起来测试一下吧！

创伤后应激障碍需同时满足以下 1 ～ 8 项。

1. 经历或目睹过下述一种或更多被威胁生命、严重的创伤或性暴力事件。

√ 直接经历创伤性事件。

√ 目睹创伤性事件发生在他人身上。

√ 得知亲密的家人或亲密的朋友身上发生了创伤性事件。

√ 反复经历或接触创伤性事件中令人作呕的细节。例如，急救员收集人体遗骸，警察反复接触虐待儿童的细节等。

2. 在创伤性事件发生后，存在下列一个或多个症状。

√ 反复出现创伤性事件相关的痛苦记忆。

√ 反复做与创伤性事件相关的噩梦。

√ 感觉或行为似乎在重复创伤性事件。

√ 接触到类似创伤性事件的线索时，产生强烈、持久的心理痛苦。

√ 接触类似创伤性事件线索时，会产生显著的生理反应。

3. 创伤性事件后，开始回避与创伤性事件有关的刺激，符合以下一项或两项。

√ 回避与创伤性事件有关的痛苦记忆、思想或感觉。

√ 回避能够唤起与创伤性事件相关的痛苦记忆的线索。例如，人、地点、对话、活动、物体、情景等。

4. 与创伤性事件有关的认知和心境方面的负性改变，在创伤性事件发生后开始或加重，具有以下两项或更多情况。

√ 无法记住创伤性事件的某个重要的部分，通常是由于分离性遗忘症，而不是由脑损伤、酒精、毒品等其他因素所致。

√ 对自己、他人或世界持续性放大的负性信念和预期。例如，"我很坏""没有人可以信任""世界是绝对危险的""我的整个神经系统永久性地毁坏了"等。

√ 由于对创伤性事件的原因或结果持续地理解歪曲，导致个体责备自己或他人。例如，"就是因为我做得不好，才导致这出悲剧的发生"等。

√ 持续的负性情绪状态。例如，害怕、恐惧、愤怒、内疚、羞愧等。

√ 显著地减少对重要活动的兴趣或参与。

√ 与他人脱离或疏远的感觉。

√ 持续地不能体验到正性情绪。例如，不能体验到快乐、满足或爱的感觉。

5. 与创伤性事件有关的警觉反应性显著改变，在创伤性事件发生后开始或逐渐加重，具有以下两项或更多情况。

√ 激惹的行为和愤怒的暴发（在很少或没有挑衅的情况下），典型表现为对人或物体的言语或身体攻击。

√ 做出不计后果或自我毁灭的行为。

√ 对外界过度警觉。

√ 过分的惊跳反应。

√ 注意力出现问题。

√ 睡眠障碍。例如，难以入睡、难以保持睡眠或休息不充分的睡眠。

6. 这种障碍的持续时间（上述标准 2、3、4、5）超过一个月。

7. 这种障碍引起明显的痛苦，导致社交、职业或其他重要功能方面的损害。

8. 这种障碍不是由某种物质，例如药物、酒精、其他精神或躯体疾病导致。

温馨提示

如果你符合上述情况，那么你可能存在创伤后应激障碍，但是自我评估也会存在偏差，所以最终还是要由专业的精神科医生进行诊断。如果你仅仅符合其中的一部分，那么可以结合下面的建议进行一些积极的自我调整。

给鼹鼠先生的建议

1. 药物治疗

适当服用抗焦虑或抗抑郁药物，有助于改善情绪状态，帮助创伤后应激障碍患者快速调整情绪和睡眠状态，改善患者的情绪体验。

2. 心理治疗

简单来说，创伤后应激障碍就是心理遭遇了某种重大的创伤。创伤事件虽然过去了，但是留下的伤痕却无法散去，使受创伤者的想法、信念和行为都发生了某种改变。规律的心理治疗恰恰可以帮助调整这些偏差的想法和认知，认知行为疗法可以更高效地达到治疗效果。

3. 暴露疗法

这种方法需要在心理治疗师的指导下才能使用。暴露疗法就是让患者通过想象或者回忆的方式，缓慢暴露于创伤的情景中，逐渐达到免疫的效果，这种方法也叫作系统脱敏。切记，不可在没有专业指导的情况下自己盲目地使用，过度的刺激可能会造成二次伤害。

4. 给自己放个假

刚刚经历过创伤的人，不妨给自己的心灵放个假，做一些自己喜欢的事情，尽量远离创伤环境，多体验开心和愉悦的感受。这对于从创伤中恢复过来，很有好处。

5. 学会倾诉

经历类似的创伤，有的人会患此障碍，而有的人则不会。研究发现，一些曾经经历过创伤、抗挫折能力较弱的人更容易罹患这种障碍。所以增强自己的抗挫折能力，多和他人沟通，把自己的经历、情绪和感受向他人倾诉，更有利于走出创伤。倾诉本身也是一种疗愈方式。

1
坐不住的小牛——
2
写作业时抓蝴蝶——
3
上课开小差——
4
神游太虚——

我也不想这样调皮多动，可我就是坐不住

注意缺陷与多动障碍

引言：注意缺陷与多动障碍是儿童期常见的一类心理障碍。表现为注意力不集中和注意时间短暂、活动过度和冲动。这些表现明显与年龄和发育水平不相符。常伴有学习困难、品行障碍和适应不良。

今天又是周一，医院显得有些热闹，患者和家属们从各地赶来，千里寻医。有正在哭喊、挣扎着要脱衣服的病人；还有人看起来郁郁寡欢……总之这里有各种各样的人，你可以看见人最诡异的样子，也能遇到最真诚质朴的灵魂。

“萤火虫医生早！”要比谁来得早，松鼠先生永远比不过萤火虫医生。

“早啊！”萤火虫医生总是精力充沛的样子。

“医生好，我们是 1 号！”小牛妈妈洪亮的声音打破了两人的

对话。

“好的，过来坐吧！”萤火虫医生微笑着说，“你们是谁想要咨询呢？”

“我是小牛的妈妈。小牛的老师经常反映小牛在学校不好好听课，有时候还会发脾气，老师怎么管教都不行，建议我们来医院看看是不是有什么心理问题。”小牛妈妈有点焦虑地说。

“具体都有什么表现呢？”萤火虫医生问。

“老师说他坐不住，好像屁股上长了钉子，注意力也不集中，别说一节课，十分钟都不能坚持，成绩也基本都是班级倒数。我和他爸爸非常发愁，不过更担心他生了什么怪病。”小牛妈妈一脸的愁容。

萤火虫医生观察着座位上的小牛：他一会儿看看桌子下面，一会儿看看四周的墙壁，一会儿站起来望望，一会儿又蹲在椅子旁边，注意力丝毫没有集中在医生和妈妈的谈话上，倒像是热锅上的蚂蚁一样。

“小牛还有什么其他的表现吗？”

“有时候会在班里招惹其他的同学，在家里有时候还会控制不住地乱跑。起初我们觉得男孩子调皮一些是正常的，但是老师经常和我们反映，说小牛和其他孩子不一样，总是有一些奇怪的举动。慢慢地我们也重视起来，担心他真的得了什么病。小牛是个早产儿，

神游太虚——

我们原本担心他身子弱、长不大，但看着他长得高高大大的，还以为活泼好动是好事，没想到反倒成了问题。”小牛妈妈答道。

经过一番询问与检查，小牛最终被诊断为注意缺陷与多动障碍，需要药物配合行为矫正治疗。小牛妈妈也在慢慢接受这个她不想面对的现实。今后她和小牛爸爸将要面对比其他家长更大的挑战。可是看见小牛单纯的笑脸，他们依然会做出和大多数父母一样的选择，一起陪伴孩子渡过难关。

自评测试

注意缺陷与多动障碍（ADHD）并不少见，在儿童中患病率约有 5%，也就是每 20 个儿童里就可能有一个会有这种障碍，而且成人中也有一部分人患有此病。

持续的注意缺陷、多动、冲动，会影响儿童的发育，并且症状必须在 12 岁之前被发现，持续至少 6 个月。

儿童至少存在 6 种症状，17 岁以上的青少年和成年人至少存在 5 种症状。这些症状明显地影响了学习、工作或社交等重要功能。

你或者你身边的人存在类似的困扰吗？一起来测试一下吧！

注意缺陷与多动障碍需满足下列第 1 项或者第 2 项。

1. 注意障碍：符合下列 6 项或更多的症状，至少持续 6 个月。

√ 经常不能密切关注细节或在学习、工作或其他活动中犯粗心大意的错误。

√ 在任务或游戏活动中经常难以维持注意力。如听课、长时间的对话等。

√ 当别人对他讲话时，他经常看起来没有在听，显得心不在焉。

√ 经常无法完成作业、家务或工作中的职责，很快就失去注意力，容易分神。

√ 经常难以组织任务和活动。例如，难以管理有条理的任务，难以把物品放得整整齐齐，工作毫无头绪，阅读难以维持注意力。

√ 经常厌恶或回避从事那些需要精神上持续努力的任务。如完成学校作业或家庭作业，完成表格或阅读较长的文章等。

√ 经常丢失活动所需的物品。如学校的资料、铅笔、书、工具、钱包、钥匙、文件、眼镜、手机等。

√ 经常容易被外界的刺激分神。

√ 经常在日常活动中忘记事情，如做家务、外出办事、回电话、约会等。

2. 多动和冲动：符合下列 6 项或更多的症状，至少持续 6 个月。

√ 经常手脚动个不停或在座位上扭动。

√ 经常无法安定地坐在座位上。如离开教室、办公室或其他工作的场所等。

√ 经常在不适当的场所跑来跑去或爬上爬下，感到坐立不安。

√ 经常无法安静地玩耍或从事休闲活动。

√ 经常“忙个不停”，身体好像“安装了发动机”。如在餐厅、会议中无法长时间保持不动或坐立不安。

√ 经常讲话过多。

√ 经常在别人提问还没有讲完之前就把答案脱口而出，或爱接别人的话。

√ 排队时经常难以等待，经常打断或侵扰他人的对话或者游戏，未经允许就使用他人的东西。

温馨提示

如果你符合上述情况，那么你可能存在注意缺陷与多动障碍，但是自我评估也会存在偏差，所以最终还是要由专业的精神科医生进行诊断。如果你仅仅符合其中的一部分，那么可以结合下面的建议进行一些积极的自我调整。

给小牛的建议

1. 注意识别

注意缺陷与多动障碍的患病率并不低，大约有5%的儿童和2.5%的成年人患有此种障碍，但是很多人并未得到正确的诊断，甚至有些人终其一生也不知道自己或家人患有这种障碍。很多家长会把这种障碍和“孩子活泼好动”“男孩子本来就比较调皮”相混淆。当老师频繁反映孩子在学校的表现，家长可能就要关注一下孩子是否有这方面的问题，尽早寻求专业医生的诊治。

2. 药物治疗

大多数有注意缺陷的患者对于药物治疗都比较敏感。药物包括兴奋剂类和非兴奋剂类。药物的安全性相对比较高，医生会定期根据病情对药物剂量进行调整。

3. 保持生活规律

注意缺陷与多动障碍患者有个典型的特点就是杂乱无章。帮助他们建立有条理的生活节奏，也有助于调节他们内心的状态。制定一天的生活规划，按时间安排每一天的活动，生活物品要按照固定的位置来摆放。虽然开始时这可能不容易，时间长了就会形成良好的习惯。

4. 建立沟通

作为家长应更多地关注孩子在学校的表现，如果出现了一些问题不要马上批评指责，而应帮助孩子梳理事情的经过，关注他的情绪感受，给予一些合理的建议，让孩子逐渐学会独自处理生活中的事件，按时完成自己的学业任务。

5. 寻找天赋

其实每个人都需要了解自己的天赋，了解自己喜欢和擅长做的事对于注意缺陷与多动障碍患者来说更是十分重要。因为注意力不集中可能会很大程度地影响到孩子的学习成绩和效率，更会影响孩子的学习体验，进而感觉自己比别人差，是个异类，没有价值。这些低自尊的感受可能比疾病本身对孩子的伤害更大。如果他们自己有一项擅长的技能和天赋，将会有效地帮助他们改善自我体验，获得更健康的自尊，这是终身获益的。

今晚小猴要来看望松鼠先生这个老朋友。小猴知道适应一个新的行业、新的工作环境并不容易，虽然他十分相信老友的能力，可还是不可避免地为他担心，趁着这天休息就跑过来看看。

“好久没见你了，也不来看看我！”松鼠先生说道。

“你啊，有良师益友相伴，哪轮到我来看！”小猴打趣道。

两个老朋友，一个故作生气，一个故作轻松，一边热烈地聊着，一边寻找着合口味的餐馆，是该好好地聚一聚了。

1
狂暴的野狼先生——
2
斗殴——
3
玩乐——
4
抢劫——

冷血、无情、危害社会？其实我也曾经历痛苦

反社会型人格障碍

引言：反社会型人格障碍的特征是高度攻击性，缺乏羞惭感，做事常常不计后果，行为冲动，社会适应不良等。

早上醒来的时候，松鼠先生的头还是晕晕的。昨天和小猴聊到很晚，松鼠先生爬起来的时候都到上班的时间了，他匆忙收拾一下就准备出门，回头看了一眼歪在沙发上还在熟睡中的小猴。松鼠先生为小猴盖了一条毯子，想着两个人还像小时候一样，吃喝玩乐都在一起，困了累了就睡在一起。不禁感慨，在变幻莫测的生命长河中，还是有一些一成不变的东西的。通常这些都是最宝贵的，总是在脆弱的时候，赋予你温柔的力量。

“早啊，今天睡过头了啊？”萤火虫医生微笑着说。

“是啊，昨天小猴来，玩得晚了一点。”松鼠先生不好意思地说。

“哈哈，还是你们年轻人的生活丰富。”萤火虫医生打趣着。

“下次小猴来也叫上您一起，不要拒绝啊。”

“我都多大岁数了，玩不动了。”

“你也没大我们几岁，别着急老啊。”松鼠先生笑着说。他打心眼里觉得萤火虫医生不老，论起工作来，那精力比两个松鼠先生加起来都充沛。

“哈哈，行吧，下次一起聚一下。今天病房又有会诊，一起过去吧。”萤火虫医生一提到工作，表情就严肃了几分。

“OK！”松鼠先生比画了一个手势，跟着她查房去了。

今天要查房的患者是野狼先生，他是警察送进来的，住在“VIP 病房”。所谓 VIP 病房，是与其他普通病房隔开一段距离，往往一些“重点户”会被安排在这里，以保护其他普通病房的患者。野狼先生躺在床上，手脚被保护性约束着。你可能会觉得这样有点不自由和不人性化，但是如果你知道了野狼先生的过去，就绝不会这样想了。光是把他抓进这个病房，加上警察大概

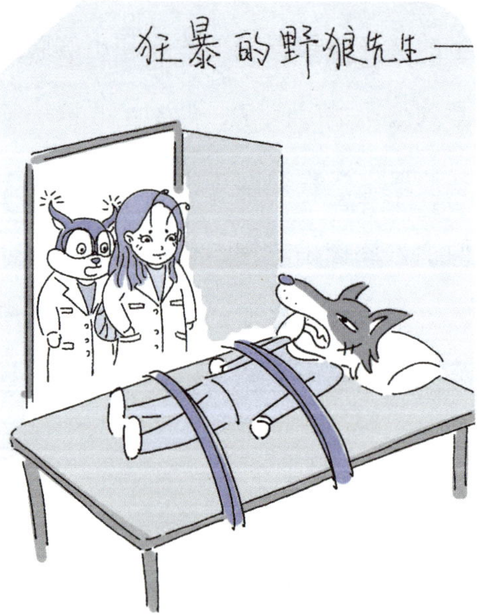

有八个男性一起努力，才控制住他。绑一头牛可能也不用这么费力，可想而知野狼先生的战斗力是多么的强大。

被抓进来之前，他重伤了三个人，手段非常残忍，而且没有丝毫的悔意。野狼先生一直处于无业状态，没有钱花了就向父母要，和亲人借，久而久之没人借给他了，他就开始欺骗家人，甚至从家里偷钱，偷来的钱都用来吃喝玩乐。不知从什么时候开始，钱越来越不够用，野狼先生就开始去抢钱。正是这次出手太重了，才被警察抓了进来。肯定有人会好奇，这样不应该是进监狱吗？怎么送进医院了？因为野狼先生曾经被诊断患有精神类疾病，他患的是物质使用障碍和冲动控制障碍。

这一次萤火虫医生和其他精神科医生一起查房后，又给野狼先生增添了一个新的诊断：“反社会型人格障碍”。患有这种障碍的人是极其危险的，他们往往毫无同情心和责任感，很容易被激怒，会欺骗、虐待他人，而且很少感到后悔和愧疚。

自评测试

你身边有这样的人吗？如果有，那么你一定要提高警惕，因为你很可能处于危险之中。有一些女性因为不知道自己的伴侣存在这样的问题，使自己的身体和心灵都受到了很大的伤害，一起通过下面的测试了解一下吧！

反社会型人格障碍需同时满足以下 1 ~ 4 项标准。

1. 习惯性漠视或侵犯他人权利，表现为下列 3 项或更多症状。

√ 不能遵守法律或社会规范，多次做出可遭拘捕的行动。

√ 为了个人利益或乐趣而多次说谎，使用假名或诈骗他人。

√ 冲动行事或事先不制订计划。

√ 暴躁易怒，具有强烈的攻击性，多次打架斗殴或攻击他人。

√ 冲动鲁莽，不顾他人或自身的安全。

√ 不负责任，不坚持工作或不履行经济义务。

√ 缺乏懊悔之心，做出伤害、虐待或偷窃他人的行为后显得完全不在乎。

2. 个体至少已满 18 岁。

3. 在 15 岁之前就存在品行方面的问题。

4. 反社会行为不是由其他精神障碍导致的。

温馨提示

如果你身边有人符合下述情况，那么他可能存在反社会型人格障碍。如果你自身存在类似的问题，也希望通过积极的治疗改善情况，但是评估也会存在偏差，最终还是要由专业的精神科医生进行诊断。如果仅仅符合其中的一部分，那么可以结合下面的建议进行一些积极的自我调整。

给你的建议

1. 注意识别

这一建议可能更多的是说给没有反社会型人格障碍的人。不时有新闻中报道一些女性被她的伴侣残害，这些施暴者很可能有一部分就患有反社会型人格障碍，但是身边的人却没有察觉，深陷危险中而不自知。如果你身边亲近的人符合上述测试的标准，那么你要尽可能地保护好自己。如果有能力，可以建议对方接受治疗，积极地调整自己的状态。

2. 心理治疗

人格障碍的问题如果没有合并其他精神疾病，一般是没办法通过药物来治疗的，只能通过长期的心理治疗来改善，改善人际关系的互动模式，获得正常人所拥有的共情能力，才能逐渐改善患者的人格和情绪体验。

3. 社会支持

反社会型人格障碍的人往往经历过一个波折又复杂的童年，多数有过被家暴的经历，家庭环境经常处于动荡不安中，因为他们的感情没有得到过他人的在意，所以也就没有获得正常的感受情绪的能力，所以在之后伤害他人的时候也就无法共情他人的情绪。这种疾病的成因和个人、家庭、社会都有关系，存在此障碍的人也可以寻求社会的帮助，寻找一些可以提供帮助和治疗的社会团体，早日让生活回到正常的轨道上。

✦

夏末秋初，天气逐渐变得凉爽了起来，白天的时间也变短了，快要下班的时候天色已经暗沉下来。

“萤火虫医生，我先走了啊！”松鼠先生说。

“这么着急，下班后要去哪里啊？”萤火虫医生问道。

“小猴明天上午就要回去了，今晚再一起吃个饭。”松鼠先生笑笑。

“这样啊，本来还想约你一起吃饭，那就改天吧。”

“那就今晚一起啊！”松鼠先生用手比画了一下，示意萤火虫医生一起走。

“算了，明天吧，今天不凑你们的热闹了，你们好好玩！”

“好吧，那明天见！您早点回去吧！”松鼠先生说完便走出了门诊大楼。

1
奇怪的病——
我生病了。
2
不，我感觉一点都不好
您的心脏很健康
女士
3
不，我的心脏很难受
您非常健康
女士
102
4
才不是……
您的身体没有任何问题
女士

我不可能没有病，那些报告显然不准确！

疾病焦虑障碍

引言：存在疾病焦虑障碍的个体会耗费大量的时间和精力，担心他们的健康，头脑中会反复出现自己患有某种疾病的想法，或者相信自己可能要生病，也曾被叫作“疑病症”。

天气转凉，松鼠先生昨晚和小猴吃完饭也早早地回去休息了。两个人醒得也比较早，吃过简单的早餐，两人就一起坐在阳台上吹吹风。初秋的风带着几丝凉意，也残留了几分夏日的温情，拂在脸上，让人感觉很舒适。

“昨天有件事忘跟你说了……”小猴一脸认真地说道。

“什么事，这么严肃？”松鼠先生好奇地问。

“我有个朋友在法国参加了一个很好的心理学项目，提供三年心理咨询的长程培训，都是国际一流的老师任教，目前他们还在招募

学员，我不知道你想不想去。虽然不想和你分开那么久，可还是不想你错过这个好机会。”小猴一口气说完，眼睛一直望着远方，语气低沉。

许久，松鼠先生没有说话，也同样看着远方出神。对他来说这并不是一个容易做的决定，可是冥冥之中似乎又做好了决定。

“早啊，萤火虫医生！”松鼠先生说。

“早啊，今天天气变凉了呢！”萤火虫医生还是低首伏案，工作对她来说永远都是最重要的。

“是啊，一眨眼就到秋天了。”松鼠先生附和着，语气中少了平日的调侃。

“你来有几个月了吧？”萤火虫医生问。

“嗯，三个多月了，来的时候还是夏天。”松鼠先生回道。

“时间过得可真快，今晚可别忘了啊，来了这么久，不请你吃个饭，显得我这个老师太不地道了。”萤火虫医生打趣着。

“那我可要多吃一点。”松鼠先生咧嘴笑道。

“您好！”一个中年女士的声音传来，正是今天的第一位患者牛女士。

“你好，请进来吧！”萤火虫医生微笑着说。

“您是萤火虫医生吗？”牛女士谨慎地问。

“是的。请问你有什么问题呢？”萤火虫医生仔细地问道。

“您好，是一位心内科医生介绍我过来的，其实吧……嗯……怎么说呢……”牛女士支支吾吾起来。

“其实什么呢？可以仔细说说吗？”

“其实我不认为自己有什么心理问题，我的问题是在心脏，或者血液里。可是心内科医生坚持要我来，所以我就来了。如果我没

什么问题，您是不是可以帮我开一个证明呢？这就说明我没有心理问题，这就证明是这个心内科医生的医术有问题，我就要换个医生了！”牛女士越说越激动，为自己愤愤不平起来。她的身体看起来很瘦弱，眼睛瞪得圆圆的，眉毛中间有几条皱褶，很焦虑又很警觉的样子。

“是什么原因让你这么坚定地认为自己的心脏或者血液里有问题呢？”萤火虫医生温和地问道。

“我的心脏总是发慌，有时候感觉闷得慌。我已经上网查过了，这是心脏病，好像叫冠心病。我以前去看过一个‘神医’，他说我的血液里有毒素，他在我的手指脚趾上扎了很多的小孔，流了很多瘀血出来。从那之后，我的心脏好久都没有难受过。前两天我又去找了这位‘神医’，扎一次就能舒服好几天，真是厉害！”萤火虫医生在牛女士的手指上，依稀还可以看到残留的血迹。

“你刚才说，医院里的医生什么都查不出来？”

“是啊，不瞒您说，光是心脏造影我都做了好几次了，CT、心电图都做了，愣是什么都查不出来。每个医生都还说我的心脏很健康，一点问题都没有，让我过来看什么心理科，简直都是些庸医。我的心脏肯定是有问题的啊，下次我还是换个医院吧！”牛女士一脸的懊恼和失望。

“这样到处看病花了你不少时间吧？”萤火虫医生问。

“可不是，自从儿子去上大学，这三年来，我一直在到处治病，可是没办法啊，不治的话这个心脏问题迟早会要了我的命！”

牛女士最终被诊断为疾病焦虑障碍，这类人经常为自己的健康而焦虑，总是担心自己患上某种疾病，为此而四处求医，即使检查出来没有任何问题，他们也不会相信，而是去质疑医生的医术。

自评测试

像牛女士这样的人其实不少。他们经常活跃在各大医院的心内科。他们的这种焦虑和四处求医问药的行为，给自己和家人带来了很多的困扰和不小的负担。你或者身边的人有类似的困扰吗？一起来测一测吧！

疾病焦虑障碍需同时满足以下 1 ~ 6 项。

1. 总是觉得自己患有某种严重疾病。

2. 不存在躯体症状，或是只有轻微的表现。

3. 对健康状况有明显的焦虑或警觉。

4. 有过度的关注健康的行为，如反复检查躯体疾病或表现出回避。

5. 觉得自己患有某种疾病的想法至少存在 6 个月以上。

6. 患有某种疾病的想法和强烈的焦虑不能用其他精神障碍来解释。

温馨提示

如果你符合上述情况，那么你可能存在疾病焦虑障碍方面的问题，但是自我评估也会存在偏差，所以最终还是要由专业的精神科医生进行诊断。如果你仅仅符合其中的一部分，那么可以结合下面的建议进行一些积极的自我调整。

给牛女士的建议

1. 找对医生

有很多疾病焦虑障碍的患者经常进出医院，但却不是在精神科或者心理科，而是在心内科或者消化科等其他科室。一方面，他们认为自己罹患了某种躯体疾病而不是心理疾病；另一方面，在就诊时医生也可能只是常规检查，发现没有问题后就如实告知，而并没有建议其向精神科或者心理科转诊，以致患者仍然会处在反复检查和猜疑的循环中，没有得到真正的治疗。所以当我们去看医生的时候，不要忽视了精神和心理方面的问题，以便我们可以更加全面地了解到自己的健康状况。

2. 心理治疗

当确诊为疾病焦虑障碍后，要积极地进行心理治疗，因为这本身就是由心理问题导致的，调整认知可以有效地改变对身体状况的偏差信念，避免一味地“钻牛角尖”，从而把注意力转移到更有意义的地方去。

3. 药物治疗

虽然在这个问题的治疗中，药物治疗并不是重头戏，但是对于症状表现非常明显的人，也可以适当用一些抗抑郁药物与心理治疗相互配合，如此可以更有效地缓解焦虑、易怒的情况，达到更好的治疗效果。

4. 寻求家庭和社会的支持

患有疾病焦虑障碍的很多都是中年女性，或者有类似处境的人。孩子慢慢长大，因为学业、工作逐渐远离家庭，伴侣之间疏于交流，生活重心的突然转移都可能造成一些不适应。此时多和家人朋友交流，参加一些社会团体，丰富的生活和社交将有助于改善身心的健康状况。

✦

终于下班了，松鼠先生和萤火虫医生来到医院附近的一家私房菜馆。

默默吃了一会儿菜，两个人都没有说话。

“萤火虫医生，以茶代酒，我敬你一杯！”松鼠先生有点正式地端起杯。

“哈哈，这么正式啊，轻松一点！”萤火虫医生端起茶杯轻轻地和松鼠先生的杯子碰了一下。

“不正式一点不行的，我是真的很感谢你，不厌其烦地教我这个‘小学生’，跟着你我学会了很多东西，感谢！”松鼠先生的表情越发严肃起来。

“有些事情是机会，有些人是缘分，不必过分在意。能和你认识并且一起工作，我也很开心啊，谈什么感谢呢！”萤火虫医生一脸的轻松豁达。

“你看，我的境界还是没你高，不过感谢也是发自内心的。另外，也有不舍。”松鼠先生的眼睛低垂，像有心事的孩子。

“哦？准备去哪里了？”萤火虫医生还是习惯一语道破。

“法国，有一个心理学的长程培训。”松鼠先生轻声地答道。

“我刚说认识是缘分，这缘分就到头了。”萤火虫医生无奈地笑笑。

“没有到头，只是暂时断了一下而已。”松鼠先生故作轻松地咧咧嘴。

“哈哈，也是，是我悲观了。有什么我能帮上忙的，随时和我说。我有同学也在法国，可以相互照应。”说完，萤火虫医生举起茶杯一饮而尽。

“那就大恩不言谢了，希望我能早点学成归来，我们再相聚。”松鼠先生也干了一杯。一壶清茶，让师徒二人喝出了烈酒的味道，能传递情感的绝非仅有语言。

几日后的一个夜晚，松鼠先生独自坐在飞往法国的航班上。夜空中，他看到一颗星星在离他很近的地方闪闪发亮，好像一只忽明忽暗的萤火虫。虽然它不能把所有的黑暗都驱逐，却足够给黑夜里的人以希望。